ENGENHARIA, INOVAÇÃO E DESENVOLVIMENTO SUSTENTÁVEL

Engenharia, Inovação e Desenvolvimento Sustentável

José Roberto Castilho Piqueira
Laurindo de Salles Leal Filho (orgs.)

Ateliê Editorial

Ficha catalográfica elaborada no Setor de Biblioteca e Documentação
da Biblioteca Brasiliana Guita e José Mindlin (BBM-USP)

E57 Engenharia, Inovação e Desenvolvimento Sustentável / José Roberto Castilho Piqueira; Laurindo de Salles Leal Filho (orgs.). – Cotia: Ateliê Editorial, 2022.
248 p. ; 16 x 23 cm.

ISBN 978-65-5580-070-8

1. Engenharia. 2. Inovação. 3. Inovação tecnológica. 4. Desenvolvimento sustentável. 5. Brasil. I. Organizadores. II. Título.

CDD: 620.002

Bibliotecário Resp.: Rodrigo M. Garcia, CRB8ª: SP-007584/O

Direitos reservados à
ATELIÊ EDITORIAL
Estrada da Aldeia de Carapicuíba, 897
06709-300 – Granja Viana – Cotia – SP
Tel.: (11) 4702-5915
www.atelie.com.br | contato@atelie.com.br
facebook.com/atelieeditorial | blog.atelie.com.br

Printed in Brazil 2022
Foi feito o depósito legal

Sumário

Apresentação

Francis Bogossian

Presidente da Academia Nacional de Engenharia

No ano de 1991, acreditando que seria um serviço à Nação Brasileira a existência de uma instituição que fosse capaz de contribuir para seu desenvolvimento econômico e social - baseada em uma Engenharia dinâmica e avançada, fundamentada na Ciência e praticada segundo os mais elevados padrões de ética e civismo –, um grupo de engenheiros criou a Academia Nacional de Engenharia (ANE), por acreditarmos ser o protagonismo tecnológico do Brasil um dos pilares de sua soberania, bem-estar e segurança. A serviço desses princípios, a Academia congrega profissionais reconhecidos pela competência, integridade e ética, organizados como um centro de estudos de instância superior à disposição da Sociedade, dedicando-se a tratar e oferecer soluções para grandes e complexas questões de interesse do Brasil, tendo como tema central a engenharia.

Ao longo do ano de 2021, dentro da comemoração dos trinta anos de existência da ANE, seu Comitê de Inovação promoveu uma série de debates e seminários que tiveram como ponto central a temática da Engenharia, Inovação e o Desenvolvimento Sustentável, tendo como fio condutor as oportunidades e desafios postos pelo século XXI. Desta iniciativa resultou este livro, cujos três primeiros capítulos buscam abordar setores robustos da economia brasileira, como agricultura (Capítulo 1), extração de petróleo (Capítulo 2) e mineração (Capítulo 3) que, certamente, precisam permanecer na fronteira do estado da arte para manter sua pujança e competitividade. A demanda de serviços e insumos desses setores podem favorecer o desenvolvimento da indústria brasileira.

Ferramentas trazidas pela Indústria 4.0 podem se aliar à Engenharia da Complexidade (Capítulo 4) para gerar novos produtos e serviços (Capítulo 5) capazes de alavancar a criação de startups de base tecnológica (Capítulo 6). Embora o Brasil não esteja mal posicionado no ranking mundial dos países geradores de conhecimento (número de publicações em revistas indexadas), ocupamos posição muito modesta no ranking da inovação. Considerando como paradigma o Modelo da Tríplice Hélice (parceria entre empresas, governo e universidades) para promover a inovação tecnológica, salientamos o papel estratégico desempenhado pela Embrapii (Capítulo 7), assim como apresentamos um caso de sucesso baseado nesse modelo (Capítulo 8).

Entendendo que o desenvolvimento sustentável da indústria brasileira transcende os limites da Engenharia e da Inovação, concluímos este livro com duas contribuições oriundas da Economia Política. Partindo da premissa de que não basta à indústria brasileira gerar produtos e serviços de mais alto valor agregado sem que seu preço seja competitivo no mercado internacional, temos no Capítulo 9 um contraponto ao pensamento neoliberal, provocando saudáveis reflexões sobre a importância de políticas de estado para fomentar o desenvolvimento industrial do Brasil. Acreditando que uma indústria inovadora, competitiva e plenamente inserida no *zeitgeist* do século XXI demanda um perfil de liderança comprometido com o futuro do Planeta e o bem-estar coletivo, fechamos o livro com o Capítulo 10.

No ano de criação da ANE (1991), o Mundo assistiu ao fim da Guerra Fria e se preparava para a célebre Conferência das Nações Unidas para o Meio Ambiente (ECO-92), enquanto a economia brasileira experimentava desemprego crescente frente ao descontrole inflacionário, instabilidade política e o desmonte de um pujante parque industrial, bravamente construído durante cinquenta anos de políticas desenvolvimentistas. Nessa época, o pensamento econômico neoliberal já havia se tornado hegemônico no *mainstream* intelectual da nossa sociedade e deixado ao mercado a tarefa de se autorregular, o que levou o mundo ao terrível colapso do sistema financeiro mundial em 2008, trazendo em seu rastro desemprego e falta de esperança.

Na contramão da tendência mundial à desindustrialização, vimos o notável crescimento econômico da China, que bem soube promover sua indústria com crescente sofisticação tecnológica, permitindo o alvorecer de uma nova superpotência. Trinta anos após a criação da ANE, em 2021, um mundo assolado por uma pandemia sem precedentes nos últimos cem anos se mostra ainda mais complexo, desafiador e desigual do que fora em 1991. Assistimos atônitos aos efeitos dramáticos de transformações climáticas globais que clamam pelo desenvolvimento econômico sustentável. Já no século XXI, uma ampla gama de novas tecnologias trazidas pela Indústria 4.0 tem permitido de modo crescente a fusão do mundo físico, biológico e digital, modificando tradicionais sistemas de produção, consumo, transporte, educação e lazer.

Muitas destas grandes transformações materiais experimentadas pela humanidade nos últimos trinta anos tiveram como protagonista a Engenharia, que, parafraseando o poema que constitui o Posfácio deste livro, foi "cúmplice da Inovação na magia / da arte do Como-Fazer". De fato, com recursos, gerenciamento e árduo trabalho, a Engenharia é capaz de prover soluções técnicas para as mazelas materiais do mundo, mas nunca poderá prescindir de líderes íntegros, idealistas e ousados, mas também lúcidos e responsáveis para apontar o caminho capaz de levar ao progresso e bem-estar da humanidade.

CAPÍTULO 1

Agricultura Tropical: Um Caso de Inovação da Agronomia Brasileira

Antônio Márcio Buainain, Durval Dourado Neto, Pedro Abel Vieira Júnior e Roberta Grundling

Introdução

A história das civilizações é marcada pela habilidade do ser humano em inovar, permitindo-o interagir com a natureza, criar ambientes – como as cidades – e modificar e redefinir os espaços e os uso dos recursos, com impactos positivos e negativos. O pensamento científico, parte desse processo, tem grande contribuição na capacidade de dominação e transformação desenvolvida pelo homem. É provável que ao longo dos últimos doze mil anos nenhum impulso tenha sido mais determinante do que a necessidade de o ser humano produzir alimentos, levando-o a interagir e transformar a natureza.

Foi apenas no século XVIII que se vislumbrou a possibilidade de suprir a demanda de alimentos utilizando conhecimentos científicos: nascia a agricultura moderna na Europa. No século XIX as tecnologias químicas, mecânicas e genéticas evoluíram o suficiente para viabilizar a expansão da área cultivada, aumentos de produtividade e da produção de alimentos que sustentaram o crescimento econômico até praticamente a década de 1950, quando o fantasma malthusiano voltou a rondar a humanidade. Após a década de 1960, com a Revolução Verde, a agricultura moderna espraiou-se pelo mundo e aterrissou no Brasil, um espaço tropical com recursos naturais abundantes, mas pobre em tecnologia adequada para manter uma agricultura moderna, a qual foi desenvolvida para os cultivos em climas temperados.

Na década de 1970, a evolução da agricultura em ambiente tropical deu um grande salto no Brasil, viabilizando o crescimento da produção, ainda que com consideráveis custos ambientais e sociais. Porém, a modernização da agricultura brasileira nunca foi livre de contestações, e a partir da década de 1980, em particular com a redemocratização, o modelo passou a ser questionado, seja pelos resultados econômicos e sociais, seja pelos custos ambientais, em particular a erosão, a compactação e a rápida perda da fertilidade dos solos, que agravavam os resultados econômicos em um ambiente de perda de subvenções para aquisição de fertilizantes e do financiamento subsidiado.

Em meio a polarizações reducionistas, que opunham agricultura familiar ao agronegócio, agricultura moderna à tradicional, cultivos à base de químicos *versus* orgânicos, diferentes pacotes tecnológicos, cresciam as inovações que levavam em conta, de forma crescente, a sustentabilidade ambiental, a segurança dos alimentos e a viabilidade econômica em geral. A dualidade entre a agricultura moderna e os sistemas alternativos, a despeito de alimentar intensos debates ao longo do século XXI, vem sendo superada e a questão em tela é a capacidade da Agricultura Tropical contribuir para desenvolvimento sustentável.

Para as Organizações das Nações Unidas (ONU), o Desenvolvimento Sustentável deve mirar na superação da pobreza, proteger o meio ambiente e o clima e garantir que as pessoas, em todos os lugares, possam desfrutar de paz e de prosperidade. Qual seja, Desenvolvimento Sustentável pode ser resumido como a capacidade de uma atividade econômica gerar riquezas e o bem-estar social sem comprometer a utilização futura dos recursos naturais.

Na agricultura, o qualificativo sustentável levou a uma série de mudanças na agronomia, nas propriedades rurais e nas indústrias, permeando até os lares. Não se questiona mais a necessidade de produzir alimentos e matérias-primas saudáveis, com base em processos sustentáveis, levando em conta as crescentes restrições institucionais que regulam o setor e que têm em vista o presente e o futuro. A questão é: como fazer o terceiro salto agrícola? A resposta não é trivial, mas seguramente não se trata de um "novo" modelo em oposição ao primeiro salto agrícola. Também denominado de Revolução Verde, ele ocorreu nos anos 1950 com a liderança do cientista americano Norman Borlaug, Prêmio Nobel da Paz em 1970, trazendo inovações tecnológicas que resultaram no aumento expressivo da produtividade do trigo e do milho no México, EUA e Canadá, e do arroz na Ásia. Nem se opõe ao segundo salto agrícola, a nossa Agricultura Tropical sustentável, iniciada em 1975.

Trata-se, sim, de um "novo" modelo, também calcado em ciência e que precisará conciliar, sem transgredir, as exigências de eficiência e produtividade, atributos necessários para que a agricultura desempenhe seu principal serviço ecossistêmico: prover alimentos, matérias-primas e bioenergia necessárias para o desenvolvimento. Por outro lado, também precisa lidar com exigências cada vez mais rigorosas no que se refere a produzir com pleno respeito à saúde humana, animal, ambiental e social, e contribuir para melhorar a saúde em todas as suas dimensões.

O terceiro salto da agricultura é o desafio que se impõe ao Brasil para manter a competitividade da Agricultura Tropical. O caminho para o Brasil é claro: seguir a trajetória de inovação que permeou a agricultura brasileira desde as suas origens. Apesar de claro, esse caminho apresenta inúmeros obstáculos, e talvez o maior deles seja viabilizar uma agricultura sustentável em espaços que foram degradados no passado, a fim de proteger a biodiversidade e o patrimônio dos recursos naturais.

Agronomia e Engenharia Agronômica no Brasil

A Agronomia é ciência de fundamentação multidisciplinar, organizada há quase dois séculos, com o escopo de produzir conhecimentos direcionados à melhoria do desempenho agropecuário. A profissão foi alavancada com a Revolução Verde, em meados do século XX, que gerou forte demanda de conhecimento dos Engenheiros Agrônomos, devido ao intenso uso de tecnologias agrícolas e a busca de otimização dos recursos que estavam disponíveis[1].

Em menos de dois séculos, a Agronomia contribuiu para uma profunda alteração das formas de produção agrícola. A agricultura, até então baseada em práticas milenares, passou a integrar um crescente sistema de relações e negócios, fornecendo e consumindo mercadorias, de acordo com os interesses dos agronegócios[2].

1. A.J. Posser, "A Agronomia no Contexto do Ensino Superior", *Revista Agronomia Brasileira*, vol. 3, n. 3, 2019.
2. V.J. Cavallet, *A Formação do Engenheiro Agrônomo em Questão: A Expectativa de um Profissional que Atenda as Demandas Sociais do Século XXI*, São Paulo, FE-USP, 1999 (Tese de Doutorado).

Assim como no passado, é certo que a agricultura brasileira depende da ciência. Se não fosse a ciência agronômica, a indústria citrícola não existiria no Brasil após o vírus da tristeza dos citros nos anos 1940. Os canaviais teriam sido eliminados pelo carvão (fungo) e mosaico (vírus) nos anos 1950. Os cafezais, nos anos 1960, pela ferrugem (fungo). Não teríamos o milho híbrido e nem o melhoramento de algodão e de soja que possibilitaram a essas culturas avançar no Cerrado. Muito menos teríamos as frutas e flores produzidas na Caatinga[3].

Só por isto, por seu esforço nas áreas de pesquisa, ensino, extensão e produção, a Agronomia deveria ser respeitada pela sociedade urbana industrial. Afinal, a produção agrícola e seus transbordamentos é responsável por mais de 20% do Produto Interno Bruto (PIB) brasileiro. Emprega cerca de 20% dos trabalhadores e responde por mais de 40% das exportações do país, sendo o grande setor superavitário da balança comercial, secundado pela mineração. A história das ciências agrárias foi construída hectare a hectare após a segunda metade do século XIX, como resultado da extinção gradativa da escravidão, do declínio da cana-de-açúcar no Nordeste e da pecuária no Sul do país.

A história da engenharia agronômica no Brasil começa na segunda metade do século XIX, com a crise na produção de cana-de-açúcar no Nordeste, notadamente com a criação do Imperial Instituto Baiano de Agricultura (IIBA), em 1859. Em 1875 foi criada a Imperial Escola Agrícola da Bahia (EAB), considerada a primeira escola de Agronomia, com sede no município de São Bento das Lages. Esse curso está hoje integrado à Universidade Federal da Bahia, no campus de Cruz das Almas. A tabela que se segue apresenta as primeiras escolas de Agronomia do Brasil, enquanto o Apêndice lista todas as atuais escolas brasileiras de Agronomia.

No Sul do país, tradicional região de pecuária, foi criada, em 1883, a Imperial Escola de Medicina Veterinária e de Agricultura Prática – tida como a segunda escola de Agronomia – em Pelotas, RS, integrada à Universidade Federal de Pelotas. Em Piracicaba, SP, em 1900, foi criada uma das mais tradicionais faculdades de agronomia do país: a Escola Agrícola Prática de Piracicaba, que logo seria renomeada como Escola Agrícola Luiz de Queiroz – Esalq.

3. R. Rodrigues, "Desenvolvimento Rural: Agricultura e Agronomia", *Estudos Avançados*, n. 15, dez. 2001 (Dossiê Desenvolvimento Rural); G.S.S.C. Rodrigues e J.L.S. Ross, *A Trajetória da Cana-de-Açúcar no Brasil: Perspectivas Geográfica, Histórica e Ambiental*, Uberlândia, Edufu, 2020.

Primeiras Escolas de Agronomia do Brasil

Anos	Instituições de ensino superior a que pertencem atualmente	UF
1875	Universidade Federal da Bahia	BA
1883	Universidade Federal de Pelotas	RS
1894	Escola Politécnica*	SP
1900 **	Universidade de São Paulo***	SP
1908	Universidade Federal de Lavras	MG
1922	Universidade Federal de Viçosa	MG

* Desativada em 1910; ** Em 1892, ocorreu a doação da Fazenda São João da Montanha para o Estado de São Paulo, destinada à projetada Escola Agrícola; *** A Escola Superior de Agricultura Luiz de Queiroz (Esalq) foi incorporada à Universidade de São Paulo em 1934.

As duas primeiras escolas de Agronomia brasileiras, criadas ainda no governo imperial, tinham como ênfase desenvolver tecnologia para substituir a mão de obra escrava e melhorar a produção nas lavouras. Porém, não é sempre que a tecnologia é adotada e se transforma em inovação, e na região Sudeste a abundância de mão de obra imigrante trabalhando em sistema de meeiros, bem como o domínio absoluto do café brasileiro no comércio internacional retardaram a demanda por tecnologias poupadoras de mão de obra[4].

A seguir foram criadas as primeiras escolas para atender a demanda crescente de profissionais no Brasil: *1.* 1894, Escola Politécnica – Agronomia, em São Paulo, tendo diplomado um total de 23 profissionais até 1910, quando o curso foi desativado; *2.* 1892, doação da Fazenda São João da Montanha para o Estado de São Paulo, destinada à projetada Escola Agrícola[5], cujo nome foi designado em 1899: Eschola Pratica de Agricultura[6]. Em 1900 foi criada a Eschola Agrícola Pratica de Piracicaba[7], que em 1901 teve seu nome alterado para Eschola Agrícola Pratica Luiz de Queiroz[8]; em 1905 seu nome se tornou

4. L. F. Toscano, "A Agronomia Através dos Tempos", *Diário de Votuporanga*, ano 50, n. 12.798, 11 nov. 2003.
5. Decreto 130, Alesp, 18 nov. 1892.
6. Os artigos 13 e 14 do Decreto 678 informam que a primeira "Eschola Pratica de Agricultura" será instalada na fazenda de São João da Montanha, do Município de Piracicaba. Esse decreto organiza o serviço agronômico no Estado de São Paulo. (Decreto 678, Alesp, 13 set. 1899).
7. Decreto 863-A, Alesp, 29 dez. 1900.
8. Decreto 882, Alesp, 18 mar. 1901.

Eschola Agrícola Pratica "Luiz de Queiroz"[9]; em 1908 foi alterado o nome para Escola Agrícola "Luiz de Queiroz"[10]; em 1916, mais uma vez, o nome mudou para Escola Agricola "Luiz de Queiroz"[11], que em 1931 se tornou, finalmente, Escola Superior de Agricultura "Luiz de Queiroz", ou Esalq[12], passando a ser uma unidade da Universidade de São Paulo a partir de 1934; *3.* 1908, Escola Superior de Agricultura de Lavras (Esal), atualmente Universidade Federal de Lavras; *4.* 1922, Escola de Agricultura e Veterinária de Viçosa, que em 1940 se tornou Escola de Agricultura e Veterinária de Minas Gerais, transformando-se depois em Universidade Rural do Estado de Minas Gerais. Atualmente, é a Universidade Federal de Viçosa (UFV)[13].

Salientam-se, ainda, os seguintes acontecimentos históricos: *1.* 1887, criação do Instituto Agronômico de Campinas (IAC); *2.* 1915, primeira mulher a se diplomar em Agronomia, na Escola de Pelotas, RS; *3.* 1960, início da fase de estabelecimento de vários cursos de pós-graduação em agricultura; *4.* 1973, criação da Embrapa (Empresa Brasileira de Pesquisa Agropecuária), durante o regime militar: "Em 7 de dezembro de 1972 foi sancionada a Lei 5.881, que autorizava o poder Executivo instituir empresa pública, sob a denominação de Empresa Brasileira de Pesquisa Agropecuária (Embrapa) [...]"[14]. O ensino de Agronomia foi oficialmente criado e regulamentado trinta e cinco anos após o surgimento da primeira escola, por meio do Decreto 8.319, de 20 de outubro de 1910. O principal objetivo era disciplinar a formação de mão de obra para a agricultura.

Na década de 1960, a agricultura brasileira começou a sofrer uma acentuada transformação tecnológica, orientada por um processo de internacionalização baseada em pacotes tecnológicos, gerados a partir da Revolução Verde e difundidos mundialmente. O ensino da Agronomia, que era controlado pelo Ministério da Agricultura, passou para o Ministério da Educação e

9. Decreto 1266, Alesp, 18 fev. 1905.
10. Decreto 1684, Alesp, 21 dez. 1908.
11. Decreto 1534, Alesp, 29 dez. 1916.
12. Decreto 5030, Alesp, 24 set. 1931.
13. P.R. Silva, F.X.R. Vale e M.C. Jahnel, "Retrospecto e Atualidade da Engenharia Agronômica: Breve Histórico da Agronomia", em VV. AA., *Trajetória e Estado da Arte da Formação em Engenharia, Arquitetura e Agronomia*, vol. XI, *Engenharia Agronômica*, Brasília, Inep, *Revista Globo Rural*, 2010, pp. 21-28.
14. Redação Globo Rural, "Cursos de Engenharia Agronômica no Brasil", 23 set. 2014, atualizado em 19 jan. 2015.

Cultura, por intermédio do Decreto 60.731, de 19 de maio de 1967. Em 2020, o Brasil conta com setenta cursos de Agronomia funcionando regularmente.

O reconhecimento do trabalho do Engenheiro Agrônomo só veio acontecer muito tempo após o surgimento da Agronomia no Brasil. Em 12 de outubro de 1933, o Decreto 23.196 regulamentou o exercício da profissão, sancionado pelo Presidente Getúlio Vargas. A data de doze de outubro passou a ser adotada como o dia do Engenheiro Agrônomo. A formação superior no início do século passado era ministrada pelos institutos agronômicos e os profissionais recebiam o título de "agrônomo".

Na Escola Agrícola da Bahia, os diplomados recebiam, além dos títulos de agrônomo, os de engenheiro agrícola, silvicultor e veterinário na forma do Decreto 5.957 (que aprova os estatutos da Escola Agrícola de São Bento das Lages, na Bahia), de 23 de junho de 1875, estabelecendo uma distinção entre o profissional agrônomo, que cuidava da produção agrícola, e o engenheiro agrícola, responsável pelas obras de engenharia rural. A Escola Politécnica de São Paulo, no início do século passado, já formava engenheiros agrônomos com ênfase em mecânica, topografia e construções, o que hoje se conformaria na formação do engenheiro agrícola.

Com o encerramento, em 1910, do curso de Engenharia Agronômica da Politécnica, as associações agrícolas passaram a pressionar a Esalq/USP para modificar seu curso médio de agricultura e transformá-lo em curso superior, contrariando o desejo de seu fundador, que foi aluno de Grignon na década de 1870. Assim, a Esalq teve dificuldade, devido ao currículo de seu curso ser técnico e prático, nos moldes de Grignon, e cuja adaptação não foi suficiente para dar o *status* de curso superior, em função do reduzido número de disciplinas e da curta duração do curso.

Embora o engenheiro agrônomo formado a partir da reforma de 1910 tivesse um perfil exclusivamente ligado à produção agrícola, a Esalq, que tinha autonomia em relação à esfera federal, reformulou seu currículo em 1925, passando a formar engenheiros agrônomos com reforços nas áreas da engenharia. Foi acrescentada a disciplina de engenharia rural e foram reforçadas as matérias de matemática, desenho e outras. Com a introdução dessa cadeira, os antigos agrônomos tiveram sua área de atuação ampliada no Ministério da Agricultura, criado em 1930.

Dessa forma, o currículo da Esalq/USP tornou-se mais amplo do que o da Escola Agrícola da Bahia, que era eminentemente voltado para a produção vegetal. Essa diferença, ocasionada pelo reforço de engenharia rural na escola de Piracicaba, influenciou o pensamento dos profissionais que então passaram a usar o título de "engenheiro" precedido da antiga denominação "agrônomo". Note-se, portanto, que a ideia de se introduzir matérias de engenharia rural no curso de Agronomia surgiu no Brasil em 1925, na Esalq. A adoção de uma ou de outra denominação ficou ligada à tradição que já se estabelecia em cada instituição de ensino. Algumas escolas passaram a conferir o título de agrônomo, e outras, de engenheiro agrônomo.

O Decreto 23.196, de 12 de outubro de 1933, que regulamentou a profissão agronômica, também usou indistintamente os termos agrônomo e engenheiro agrônomo, de modo que desde então foram utilizados como sinônimos. Em 8 de fevereiro de 1934, o Ministério da Agricultura interveio na questão e foi editado o Decreto 23.857, que retirou o título de engenheiro agrônomo, determinando que a partir de então fosse utilizado o título de agrônomo.

Em 2012, existiam 29 Cursos de Engenharia Agronômica cadastrados no MEC, oferecendo 2.143 vagas em instituições públicas (federais e estaduais) e privadas, e 233 Cursos de Agronomia, oferecendo 18.389 vagas, em instituições públicas (federais, estaduais e municipais) e privadas (Censo da Educação Superior, DEED/Inep/MEC). A distribuição dos cursos de engenharia agronômica por estados da federação é ilustrada na figura 1.

De acordo com o Conselho Federal de Engenharia e Agronomia (Confea), em 19 de janeiro de 2015, existiam no Brasil 179 mil profissionais ativos no grupo dos titulados em ciências agrárias. Deste total, 89.810 são engenheiros agrônomos formados por diferentes instituições, que somam 288 cursos em todo o Brasil. Os cerca de noventa mil restantes estão distribuídos em profissões atinentes ao setor agrícola, como os engenheiros agrícolas e florestais[15].

A relação dos cursos de Agronomia ou de Engenharia Agronômica, nos vinte e seis Estados e no Distrito Federal, regulamentados pelo Ministério da Educação, pode ser encontrada no Apêndice. O estado brasileiro que mais possui instituições que ofertam cursos de Agronomia no nível superior é o Estado de São Paulo (37), seguido por Minas Gerais (35) e Paraná (24). As regiões, em ordem decrescente em número de instituições: Sudeste (67), Sul (53), Centro-Oeste (33), Norte (28) e Nordeste (27).

15. *Idem.*

Figura 1. Número de Cursos de Engenharia Agronômica, ou Agronomia, nos Estados Brasileiros[16]

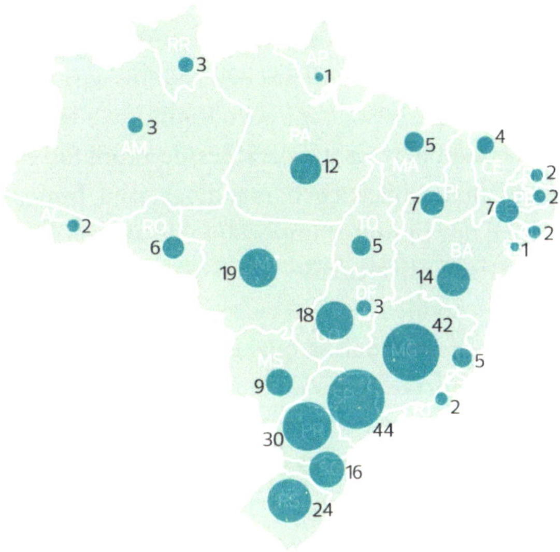

Em 2016, segundo dados do MEC, existiam 284 instituições de Ensino Superior que ofereciam o curso presencial de "Agronomia", no grau bacharelado, com um total de 26.615 vagas autorizadas. Ao mesmo tempo, 61 Instituições de Ensino Superior ofereciam o curso presencial de "Engenharia Agronômica", no grau bacharelado, com um total de 5.476 vagas autorizadas. Vê-se, pois, que ainda há no País o predomínio pela denominação "Agronomia".

Agricultura e Desenvolvimento Sustentável no Brasil

Para muitos, a predominância do clima tropical coloca o Brasil como "naturalmente" apto à produção agrícola. Porém, é justamente a exuberância do clima tropical que dificulta a prática agrícola, pois, se o clima é bom para a produção agrícola, é melhor ainda para as pragas e ervas daninhas, devido ao fato de que, no Brasil, o inverno não opera como um controlador de pragas e doenças, como ocorre nas regiões temperadas. Como foi possível viabilizar

16. *Idem*. Imagem por Filipe Borin.

a Agricultura Tropical e colocar o país como um estratégico produtor de alimentos?

A resposta não é trivial, mas os números confirmam a "vocação agrícola" do país. Em 2020, o Brasil colocava-se entre os cinco maiores exportadores mundiais em valor em quase três dezenas de produtos agrícolas. Os maiores destaques são o açúcar, cereais, soja, milho, oleaginosas e frutas cítricas, mas o Brasil destacava-se também nas exportações de produtos como pimenta, melancia, abacaxi, mamão papaia, coco, mandioca, caju, fumo, sisal e outras fibras, por exemplo. É um produtor importante de bioenergia (etanol e biodiesel) e de produtos da biodiversidade, como o açaí[17].

A participação da produção agropecuária brasileira no comércio internacional é fundamental para o país, a qual em 2020 respondeu por cerca de US$ 45 bilhões das exportações totais de US$ 210 bilhões, e desde meados da década de 1990 contribui expressivamente para o saldo positivo da balança comercial. Esse desempenho se repete também no PIB e na geração de empregos. Em 2020, a agropecuária foi o único setor com resultado positivo, ao lado da indústria extrativa, e contribuiu para mitigar os efeitos adversos da pandemia. O PIB do setor avançou 2% sobre o ano anterior, enquanto o da indústria recuou 3,5% e o dos serviços, 4,5%. O setor também foi o único a manter os empregos, que em 2020 correspondiam a mais de 20% do total nacional, de acordo com dados do IBGE em 2021.

Esses resultados são frutos da colheita de, aproximadamente, 1 bilhão de toneladas em 2020, produzidos em 63 milhões de hectares, o equivalente a menos de 14% do território brasileiro, majoritariamente em biomas tropicais como o Cerrado e a Caatinga. A inovação e os consequentes ganhos de produtividade têm sido o principal componente da agricultura brasileira, notadamente pela adaptação da agricultura temperada aos ambientes tropicais com predomínio de solos ácidos e clima propício para a proliferação de pragas e doenças.

Nas últimas três décadas, a produção cresceu muito mais do que a terra ocupada, em particular nas produções de arroz, feijão, milho, soja e trigo.

17. Food and Agriculture Organization, *Faostat*, 2021; M. M. Mota e E. Contini, "Comércio Internacional de Produtos do Agronegócio", em P. A. Vieira Jr., E. Contini, G. P. Henz e V.G.C. Nogueira (eds.), *Geopolítica do Alimento: O Brasil como Fonte Estratégica de Alimentos para a Humanidade*, Brasília, Embrapa, 2019, pp. 99-134.

Destaque para os aumentos de rendimento de 346% para o trigo, de 317% para o arroz e de 270% para o milho. Soja e feijão praticamente dobraram o rendimento no período considerado[18].

O produto agropecuário cresceu mais de quatro vezes no período 1975-2016. O salto da produção deu-se principalmente pela melhor utilização dos insumos, afetando diretamente a produtividade. Até a década de 1980, a terra era o principal fator de crescimento da produção agropecuária. Dos anos 1980 até hoje, o capital passou a ser a principal fonte de crescimento. Entre os indicadores de produtividade por fator de produção, mão de obra, terra e capital (fertilizantes e defensivos; máquinas agrícolas automotrizes), o maior crescimento tem ocorrido na produtividade da terra, equivalente a 3,84% ao ano entre 1975 e 2016[19].

Aumentos de produção e de produtividade também foram conquistados na pecuária. O número de cabeças de gado bovino mais que dobrou nas últimas quatro décadas, enquanto a área de pastagens teve pequeno avanço. A avicultura e a suinocultura, atividades de subsistência na primeira metade do século XX, tornaram-se referências mundiais graças a um inédito modelo de integração vertical em que as grandes empresas controlam e padronizam o processo produtivo, fornecendo insumos e assistência técnica aos produtores rurais responsáveis pelo crescimento dos animais até o abate. A evolução foi também evidente na sanidade, manejo e instalações.

A modernização da produção levou a um aumento expressivo da produção de carne de frango, que passou de 217 mil toneladas em 1970 para 13 milhões de toneladas em 2020, consolidando o Brasil como o maior exportador mundial do produto. No caso da suinocultura, o melhoramento genético e a introdução de animais híbridos, na década de 1970, possibilitaram uma carne com menos gordura e mais cortes nobres. O resultado foi um aumento de produção, passando de 705 mil para quatro milhões de toneladas de carne suína entre 1970 e 2019. Em 2020, o Brasil era o quarto maior produtor e exportador mundial do produto.

18. Instituto Brasileiro de Geografia e Estatística, *Sistema IBGE de Recuperação Automática – Sidra*. Disponível em: https://sidra.ibge.gov.br/home/pms/brasil. Acesso em: 27 jun. 2021.

19. J. G. Gasques, M.R.P. Bacchi e E. T. Bastos, "Crescimento e Produtividade da Agricultura Brasileira de 1975 a 2016", *Carta de Conjuntura*, n. 38, pp. 207-214, jan.-mar. 2018.

Concomitantemente, houve uso mais intensivo de tecnologia, que pode ser medido pelo emprego mais intensivo de máquinas. Entre 2006 e 2017, o número de estabelecimentos agrícolas com tratores, por exemplo, aumentou em 50%. Em 45 anos, desde 1975, o crescimento foi de 391%. Outro aspecto relevante foi a capitalização do setor agrícola, uma vez que 15% dos mais de cinco milhões de estabelecimentos agropecuários estão inseridos no sistema financeiro tradicional, enquanto a grande maioria ainda depende de programas governamentais subsidiados para algum tipo de financiamento[20].

Esse conjunto de fatores possibilitou o aumento da Produtividade Total dos Fatores (PTF) da agricultura brasileira à taxa anual de 3% entre 1975 e 2016. Essa taxa é praticamente o dobro da taxa americana, e maior que a dos vizinhos sul-americanos. Observe-se que o resultado da PTF é devido principalmente ao crescimento do produto e do uso de insumos[21].

A agricultura brasileira é um exemplo positivo de como o setor privado despontou e está criando oportunidades, aumentando a produtividade e gerando riqueza. Se, por um longo período, a produção de alimentos no Brasil não conseguia atender a demanda doméstica, no século XXI o país se destaca como um dos maiores produtores de alimentos do mundo. Essa trajetória, como já se indicou acima, não foi obra do acaso e muito menos de um "desígnio ambiental". Ela é fruto de estratégias calcadas em inovação, que remontam ao descobrimento do país.

O Caminho Percorrido até a Agricultura Tropical

A história do desenvolvimento brasileiro tem estreita relação com a agricultura. Nos primórdios do descobrimento, a extração de madeira era uma atividade importante. Em seguida, vieram os ciclos da cana-de-açúcar no Nordeste brasileiro, seguidos do café no Sudeste, da borracha no Norte e da erva-mate no Sul. Isso sem contar a produção de carne no Sul e no Centro-Oeste, que permeou esses ciclos e contribuiu para a formação de diversos povoamentos

20. Instituto Brasileiro de Geografia e Estatística, *Sistema IBGE de Recuperação Automática – Sidra*. Disponível em: https://sidra.ibge.gov.br/home/pms/brasil. Acesso em: 27 jun. 2021.
21. J. G. Gasques, M.R.P. Bacchi e E. T. Bastos, "Crescimento e Produtividade da Agricultura Brasileira de 1975 a 2016".

em todo o território nacional. No limite, a agricultura brasileira nasceu com os povos indígenas, que praticavam a agricultura de subsistência e o extrativismo. Após a chegada dos europeus, iniciou-se o extrativismo em larga escala, sendo o pau-brasil o primeiro produto de exportação da então colônia portuguesa. Em seguida, em um processo de diversificação do extrativismo, vieram a exploração de minérios e de outros produtos florestais[22].

Concomitante à diversificação extrativista, a produção de cana-de-açúcar consolidou-se tendo como base um complexo e moderno sistema de produção para a época: os engenhos. Oficialmente, foi Martim Affonso de Souza que, em 1532, trouxe a primeira muda de cana para o Brasil e iniciou seu cultivo na Capitania de São Vicente. Porém foi no Nordeste, em um modelo de monocultura de larga escala, com a produção agrícola e a industrial integradas e sustentado pela mão de obra escrava que o sistema dos engenhos prosperou. A produção de açúcar no Brasil pode ser considerada como precursora do atual agronegócio e da produção de commodities. Os engenhos de cana-de-açúcar resultaram de um projeto então inovador e empreendedor, calcado na "ciência", desenvolvido e avaliado previamente ao descobrimento do Brasil na Ilha da Madeira[23].

No ano de 1578, Portugal foi anexado pela Espanha, e o rei espanhol, Felipe II, opunha-se duramente à Holanda e à Inglaterra. O comércio com a Holanda entrou em colapso e em 1630 os holandeses invadiram o Brasil, permanecendo em Pernambuco até 1654, quando foram expulsos. Para diminuir a dependência do açúcar brasileiro, os holandeses iniciaram a produção açucareira no Caribe, e mais tarde os ingleses e franceses fizeram o mesmo em suas colônias, acabando com o monopólio mundial do açúcar brasileiro e colocando os engenhos brasileiros em crise.

A crise dos engenhos estimulou a migração do capital para a mineração na região Sudeste, e reforçou um setor até então de subsistência e fechado nos latifúndios, reforçando a produção de alimentos para abastecer o mercado

22. J.J.A. Arruda e N. Pilleti, *Toda a História: História Geral e História do Brasil*, São Paulo, Ática, 1999; J.J.A. Arruda, V.L.A. Ferlini, M.I.S. de Matos e F. de Souza, *De Colonos a Imigrantes*, São Paulo, Alameda, 2013.
23. J.J.A. Arruda e N. Pilleti, *Toda a História: História Geral e História do Brasil*; J.J.A. Arruda, V.L.A. Ferlini, M.I.S. de Matos e F. de Souza, *De Colonos a Imigrantes*; S. B. Schwartz, "A Commonwealth Within Itself: The Early Brazilian Sugar Industry, 1550-1670", *Revista de Índias*, n. 233, vol. 65, pp. 79-116, 2005.

interno pela via mercantil. A mineração do ouro no final do século XVII ocupou o lugar do açúcar na geração de riquezas, porém mesmo assim, durante o período colonial (1500-1808) e até a Independência em 1822, a renda obtida do açúcar foi quase duas vezes a do ouro e quase cinco vezes a de todos os outros produtos agrícolas juntos, tais como café, algodão e madeiras[24].

No início do século XIX, quando Napoleão dominava a Europa, o bloqueio continental promovido pelos ingleses impedia o continente de receber açúcar de suas colônias ou de outros lugares além-mar. Em resposta, Napoleão incentivou a produção de açúcar de beterraba calcada na técnica desenvolvida por Andreas Marggraf em 1747. Esse foi o novo salto em produtividade de açúcar, que incorporou o uso de novas máquinas, técnicas e equipamentos, e abalou ainda mais a indústria açucareira do Nordeste brasileiro[25].

Com a desaceleração da produção de açúcar no Nordeste brasileiro, a região Sudeste assumiu o protagonismo no setor agrícola nacional. No final do período imperial, o café já se mostrava o novo grande negócio do setor rural brasileiro, passando de três mil sacas exportadas no início do século XIX para mais de 51 milhões de sacas em 1880, sendo este produto então responsável por 60% das exportações nacionais.

O crescimento da produção e comércio do café, introduzido oficialmente da Guiana Francesa na região Norte do Brasil em 1727 por solicitação do governador do Maranhão e Pará, se espalhou rapidamente com produção voltada para o mercado doméstico. Em sua trajetória pelo Brasil, o café passou pelo Maranhão e Bahia, chegando ao Rio de Janeiro, no Vale do Rio Paraíba, no início do século XIX, e iniciando um novo ciclo econômico no país. No final do século XVIII, o aumento no consumo de café na Europa, concomitante à crise na produção cafeeira do Haiti devido à guerra de independência do país – até então o principal exportador mundial do produto –, possibilitou ao Brasil aumentar significativamente a sua produção, passando a exportar o produto com maior regularidade. Assim, por volta de 1800, as primeiras grandes lavouras de café surgidas na Baixada Fluminense e no Vale do Rio Paraíba, associadas à força de trabalho escrava liberada pela cana-de-açúcar,

24. *Idem*; F.B.P. Machado, "Brasil, a Doce Terra: História do Setor", 2003; União Nacional da Bioenergia, "A História da Cana-de-Açúcar: Da Antiguidade aos Dias Atuais", 1º jan. 2003.
25. *Idem*.

e o acesso ao porto do Rio de Janeiro, de onde era exportado, caracterizaram o início da produção cafeeira em escala no Brasil[26].

Em medos do século XIX, o café tornou-se o principal produto de exportação do Brasil e, além de produzir os "barões do café" e sustentar financeiramente o Império, induziu a diversificação da economia urbana e a consequente modernização da sociedade, especialmente no Rio de Janeiro e em São Paulo[27]. Porém, a expansão da produção e o consequente esgotamento das áreas na Baixada Fluminense e no Vale do Paraíba levaram ao deslocamento da produção para o interior de interior de São Paulo.

No interior de São Paulo, a chamada "terra roxa", muito fértil, contribuiu com o aumento da produção, que, associada a inovações na produção e à mecanização do beneficiamento, possibilitaram ao Brasil se tornar referência mundial na produção de café. Foram os lucros da produção de café, intensificada a partir de 1830 no Estado de São Paulo, que viabilizam o surgimento das estradas de ferro, o avanço da urbanização, as grandes levas de imigrantes europeus, a diversificação dos investimentos em direção à indústria e o deslocamento do centro de poder político do Nordeste para o Sudeste[28].

A cafeicultura no centro-sul do Brasil teve problemas em 1870 em consequência da grande geada em São Paulo. Após uma longa crise, a cafeicultura nacional se reorganizou e passou a contar com apoio da ciência materializada na fundação, pelo Imperador D. Pedro II, da Estação Agronômica de Campinas, precursora do Instituto Agronômico de Campinas, em 1887. Nesse período, o café chegou ao seu ápice, retraindo-se com a crise mundial de 1929, que por sua vez impulsionou a industrialização brasileira, com migração do capital investido no café para a atividade de transformação de bens[29].

Por quase um século, o café foi a grande riqueza brasileira, e as divisas geradas pela economia cafeeira aceleraram o desenvolvimento do Brasil e o

26. A. E. Taunay, *História do Café no Brasil: No Brasil Colonial, 1727-1822*, Rio de Janeiro, 1939, vol. 2, n. 2; L. Lobo, *Terras Proibidas: A Saga do Café no Vale do Paraíba do Sul*, Rio de Janeiro, Rocco, 2011.
27. *Idem*; C. Neves, *A Estória do Café*, Rio de Janeiro, IBC, 1974; C. Furtado, *Formação Econômica do Brasil*, São Paulo, Companhia das Letras, 2007.
28. J.J.A. Arruda, V.L.A Ferlini, M.I.S. de Matos e F. de Souza, *De Colonos a Imigrantes*; C. Furtado, *Formação Econômica do Brasil*.
29. C. Furtado, *Formação Econômica do Brasil*; A. Delfim Netto, *O Problema do Café no Brasil*, São Paulo, Unesp, 2009; Instituto Agronômico de Campinas, "Conheça o Instituto Agronômico (IAC), de Campinas", *IAC*, 2021.

inseriram nas relações internacionais de comércio. A cultura do café fomentou o surgimento de cidades e a dinamização de importantes centros urbanos em São Paulo, Sul de Minas Gerais e Norte do Paraná. Ferrovias foram construídas para permitir o escoamento da produção, substituindo o transporte animal e impulsionando o comércio inter-regional de outras mercadorias. O café consolidou a expansão da classe média, a diversificação de investimentos em direção à indústria e até mesmo intensificou movimentos culturais[30].

O ciclo do café orientou os olhos do mundo para o Brasil e o país atraiu vários imigrantes, principalmente da Europa. Com a expansão da cultura do café para o Estado do Paraná, imigrantes italianos e alemães mudaram significativamente a produção agrícola do Sul do Brasil. Se no passado a Região Sul foi calcada no extrativismo e na produção de bovinos em sistema intensivo, o café induziu a agricultura intensiva em tecnologia contribuindo para a região se tornar uma grande produtora agrícola, focada principalmente na produção de grãos.

O café foi um dos principais esteios da sociedade brasileira desde o século XIX. Garantiu o acúmulo de capitais para a urbanização de algumas cidades, como Rio de Janeiro, São Paulo e cidades do interior paulista, além de prover o capital necessário ao processo de industrialização do país e criar as condições para o desenvolvimento do sistema bancário. Porém, com o declínio do café no início do século XX, São Paulo viu na diversificação da produção agrícola a oportunidade de manter a sua.

Com a crise do petróleo, nos anos 1970, o governo brasileiro estimulou a produção de energia a partir da biomassa, reposicionando São Paulo como importante produtor nacional de cana-de-açúcar. Em 2020, a agricultura do Estado de São Paulo se destaca pela diversidade, que inclui de frutas a flores, da proteína animal a borracha e florestas, mas a cana-de-açúcar se mantém como um dos principais produtos. É interessante observar que após o declínio da cana no Nordeste brasileiro, milhares de nordestinos migraram para São Paulo em busca de melhores condições, sendo que a partir da década de 1970 a própria cultura da cana espraiou-se para o Centro-Oeste[31].

30. C. Neves, *A Estória do Café*; C. Furtado, *Formação Econômica do Brasil*; A. Delfim Netto, *O Problema do Café no Brasil*; J. T. Oliveira, *História do Café no Brasil e no Mundo*, Rio de Janeiro, Francisco Alves, 2005.

31. F.B.P. Machado, "Brasil, a Doce Terra: História do Setor".

Após o declínio do café, foram várias as iniciativas para a interiorização do país, todas tendo a agricultura como um dos principais pilares. Apesar dos esforços, desde a Marcha para o Oeste de Getúlio Vargas até o Plano de Metas de Juscelino Kubitschek, a agricultura brasileira reduziu seu dinamismo levando o país a importar alimentos. Foi na década de 1970 que a agricultura brasileira ganhou novo ímpeto, enfatizando a expansão da fronteira agrícola nos biomas tropicais[32]. Para tanto, além de políticas de crédito ao custeio da produção, ao investimento, à comercialização e ao seguro, o Brasil desenvolveu um arcabouço que garantiu a inovação como principal agente de desenvolvimento do setor, bem como que a inovação não ficasse restrita apenas à tecnologia.

Um exemplo de inovação institucional foi a criação, no início da década de 1970, do Sistema Nacional de Pesquisa Agropecuária (SNPA) – composto pela Empresa Brasileira de Pesquisa Agropecuária (Embrapa), Institutos Estaduais de Pesquisa Agropecuária e Universidades – e do Sistema Nacional de Extensão Rural (Embrater). Interessante notar que a centralidade da Embrapa nesses sistemas foi decisiva para mitigar as disparidades regionais e de recursos, possibilitando assim um amplo espraiamento das tecnologias e boa articulação com o setor produtivo em prol da inovação[33]. Cita-se como exemplo de inovação tecnológica o plantio direto, considerada a mais importante ação ambiental brasileira em atendimento às recomendações da conferência da Organização das Nações Unidas (Eco-92). O desenvolvimento do Sistema de Plantio Direto, além do SNPA e da Embrater, contou com a participação das indústrias de defensivos, de máquinas agrícolas e dos produtores rurais.

Além da inovação institucional, o crescimento do setor agrícola apoiou-se tanto no financiamento público como no privado. A criação de engenhosos instrumentos de financiamento privado, a exemplo do *barter*, contribuíram

32. P. A. Vieira Jr., A.C.P. Vieira, A. M. Buainain e G. S. Almeida, "O Centro-Oeste Brasileiro como Fronteira Agrícola", em *Anais do VII Congreso de la Asociación Latinoamericana de Sociología Rural*, Quito, 2006; G. S. Almeida, P. A. Vieira Jr. e P. Ramos, "Os Programas de Desenvolvimento Econômico do Centro-Oeste Brasileiro e suas Consequências: Anos 60 e 70", em *Anais do VII Congreso de la Asociación Latinoamericana de Sociología Rural*.

33. C.I.C. Mendes, A. M. Buainain e M.C.R. Fasiaben, "O Sistema Nacional de Pesquisa Agropecuária e a Cooperação entre as Instituições Públicas de Pesquisa", em *Anais do 52º Congresso da Sociedade Brasileira de Economia, Administração e Sociologia Rural*, Goiânia, 27-30 jul. 2014.

para contornar a crise do financiamento público a partir da década de 1990. O contrato de *barter*, previamente denominado por soja verde, surgiu como um mecanismo alternativo e privado para o financiamento da produção agrícola. O termo diz respeito à compra antecipada da produção agrícola com pré-pagamento por parte das indústrias e/ou *tradings* por meio de contratos a termo[34]. Também merece destaque como inovação financeira o Programa de Subvenção ao Prêmio do Seguro Rural, que tornou o seguro mais acessível aos produtores rurais, incentivando assim o investimento dos agentes financeiros no setor agrícola[35].

Com o desenvolvimento de tecnologia apropriada ao clima tropical, a Agricultura Tropical, e frente às oportunidades de um mercado em ampla expansão, a agricultura brasileira no final dos anos 1970 voltou seus olhos para os Cerrados e a Caatinga. O Cerrado, após ser a grande fronteira agrícola, se consolida como a principal região produtora de carnes, grãos e fibras, tendo mais de 70% de suas terras ocupadas com agricultura. Na Caatinga, a produção de frutas ainda avança, mas a limitação de água e suas consequências já se fazem presentes.

O avanço da agricultura tropical na Caatinga caracterizou dois sistemas agrícolas: a agricultura irrigada e a agricultura dependente de chuva. A agricultura dependente de chuva, caracterizada pela ausência do uso das técnicas de irrigação ou de drenagem, apresenta baixa produtividade e representa a maior parte do bioma. Já a irrigada, que ocupa cerca de 250 mil hectares, concentra a produção de frutas com elevados índices de produtividade e geração de renda. A agricultura irrigada vem apresentando bom desempenho, porém são vários os sinais de que a sua intensificação contribuirá para o agravamento da disputa hídrica e da heterogeneidade socioeconômica na região.

O problema da Caatinga não se restringe à falta de chuva, mas é fruto de múltiplas restrições, tais como a inadequação do solo (atualmente 80% deles apresentam baixo potencial agrícola), a estrutura agrária e a carência de assistência técnica. A solução passa pela intensificação da produção nas áreas irrigadas e a multifuncionalidade (turismo, agroecologia, produção orgânica).

34. C. L. R. Vita e D. Zylbersztajn, "Quebras Contratuais e Dispersão de Sentenças", *Revista Direito FGV*, n. 1, vol. 7, pp. 156-176, 2011.

35. Diego Arias, Paulo Mendes e Pedro Abel, *Revisão Rápida e Integrada da Gestão de Riscos Agropecuários no Brasil: Caminhos para uma Visão Integrada*, Brasília, Banco Mundial, 2015.

Algumas áreas inaptas à produção agrícola devem ser deixadas para recomposição do bioma. Nessas áreas, atividades como o turismo podem ser uma alternativa para redução das desigualdades[36].

Já os Cerrados do Brasil constituem um exemplo de região de fronteira que se consolida como área de moderna produção agroindustrial após a transformação de sua base produtiva. Apesar de sua ocupação ter se iniciado no século XVI, por longo período foi considerada como exemplo de vazio demográfico ou, no máximo, pensado como uma região vocacionada para atividades agrícolas de subsistência, extrativismo e mineração rudimentar.

A ocupação efetiva da região dos Cerrados inicia-se na década de 1930, como uma região de fronteira agrícola e polo de absorção de excedentes populacionais. No ano de 2020, da quase inexistência de ligações externas na década de 1930, a região passou a responder por mais de 7% do PIB nacional, destacando-se sua participação na produção de soja, algodão e carnes produzidos em sistema moderno e intensivo em capital. Ainda no ano de 2010, ou seja, em aproximadamente oito décadas do início de sua ocupação efetiva, do "imenso vazio", a região concentrava mais de 10% da população brasileira e apresentava alguns indicadores, a exemplo do PIB *per capita* e da taxa de renda apropriada pelos 50% mais pobres da população, que demonstra ter havido melhorias sociais[37].

A despeito da dinâmica agrícola exitosa, inclusive com acesso ao mercado internacional, a agricultura nos Cerrados apresenta importante passivo ambiental, em especial quanto à questão hídrica, demandando um processo intensivo de regularização ambiental. Ademais, a produção atual tem implicações ambientais relevantes, a exemplo do uso acentuado de agroquímicos, que se traduzem não apenas em custos crescentes de produção, como também no aumento em custos ambientais e sociais e, para muitos segmentos envolvidos, inaceitáveis.

Outrossim, a dinâmica da ocupação agrícola dos Cerrados foi baseada na produção em larga escala de commodities intensivas em tecnologia e capital, relegando a pequena produção à própria sorte. Assim, apesar do relativo

36. A. M. Buainain *et al.*, *Desafios para a Agricultura nos Biomas Brasileiros*, Brasília, Embrapa, 2020.
37. P. A. Vieira Jr., A.C.P. Vieira, A. M. Buainain e G. S. Almeida, "O Centro-Oeste Brasileiro como Fronteira Agrícola"; G. S. Almeida, P. A. Vieira Jr. e P. Ramos, "Os Programas de Desenvolvimento Econômico do Centro-Oeste Brasileiro e suas Consequências: Anos 60 e 70".

sucesso, a agricultura do Cerrado carece de intensificar e diversificar a sua produção para manter seus ganhos de produtividade, o que implica em melhorar a infraestrutura, comunicação, logística e assistência técnica, além de aumentar a oferta de mão de obra qualificada. Ou seja, as políticas públicas dedicadas a esse bioma devem privilegiar fortemente a sustentabilidade ambiental e a inclusão da pequena produção[38].

Além dos benefícios destacados, a ocupação agrícola da Caatinga e dos Cerrados foi importante instrumento para conter o *slogan* "ocupar para não entregar", o lema do governo brasileiro para a Amazônia na década de 1970. O principal meio escolhido para alcançar tal meta foi a abertura de estradas na região, tendo como base um complexo de leis, visando promover a definitiva integração da região ao contexto socioeconômico nacional[39]. A relativa "escassez" de fronteira agrícola ameaça a função do Cerrado e da Caatinga como de *buffer* do avanço da fronteira agrícola na Amazônia, e reforça a necessidade de conter a pressão pela ocupação da Amazônia com base na agricultura, cuja prática atual implica em desmatamento e perda de biodiversidade – recursos a serem preservados até mesmo em função do seu valor como ativo estratégico para o futuro do país.

A agricultura tem uma longa história no Brasil, que inclui a tropicalização das tecnologias utilizadas pela agricultura moderna desenvolvida para clima temperado. Não é à toa que o setor agrícola brasileiro se mostra hoje maduro e preparado, que combina a tradição e simplicidade do homem do campo com a evolução e modernidade do mercado globalizado. Por tudo isso, a história da agricultura brasileira está intimamente ligada com a história do desenvolvimento brasileiro e tem as ciências agronômicas como elemento central. Se o caminho percorrido até o século XXI, desde o descobrimento até a Agricultura Tropical, não foi fácil, os desafios impostos para o futuro são ainda mais desafiadores. O terceiro salto agrícola não será tarefa simples, especialmente em um mundo permeado pela inovação, com grande preocupação com os recursos naturais e poderosas redes de comunicação.

A despeito dessas imposições, a agricultura brasileira, aos poucos, foi sendo construída baseada em inovações. Por exemplo, na década de 1960, a soja

38. A. M. Buainain *et al.*, *Desafios para a Agricultura nos Biomas Brasileiros*.
39. F. Peixoto, "Linha do Tempo: Entenda como Ocorreu a Ocupação da Amazônia", BBC *News Brasil*, 22 jul. 2009.

era um produto sem expressão, tanto no mercado doméstico quanto no internacional, e prevalecia o trabalho braçal na produção agropecuária. Homens e mulheres do campo sofriam com escassez de tecnologia e de informação ao ponto de vários autores afirmarem que faltava conhecimento sobre os solos tropicais. Em menos de quatro décadas a o avanço no conhecimento sobre agricultura no Brasil fez com que o país viesse a ocupar o lugar de destaque no mercado global de alimentos na atualidade. Mas como será o terceiro salto?

Agricultura Tropical e o Terceiro Salto Agrícola

A trajetória do ser humano é marcada por muitos avanços disruptivos. Primeiro, foi a cognição, há cerca de setenta milhões de anos. Depois vieram o fogo, a roda, as cidades e a ciência. Essa evolução tem como marca principal o aumento da produtividade da mão de obra, sem preocupação com os recursos naturais. Essa trajetória levou o mundo a uma profunda crise ambiental e social. Em meio a desigualdades – fator que distancia os 10% mais ricos do grupo dos 90% mais pobres –, a humanidade ainda convive, em pleno século XXI, com os mesmos dilemas do passado. Desastres cada vez mais frequentes, impulsionados por mudanças climáticas naturais ou por ações do homem, têm favorecido o surgimento de compromissos entre as nações voltados para assegurar o equilíbrio ambiental e garantir os direitos das gerações futuras[40]. Neste cenário, como repensar o método de produção de alimentos, fibras e outros, e também o uso dos recursos naturais a partir do prisma da sustentabilidade, através do equilíbrio entre o capital ambiental, o social e o econômico?

Um exemplo é o sistema financeiro. Quando o dinheiro estava correndo fartamente e poucos previram a crise financeira de 2008, foi cunhado o termo "Cisne Negro" para designar eventos raros, mas cuja ocorrência pode ter efeitos catastróficos. Após a crise de 2008, a necessidade de se antecipar e evitar as crises, associadas ao aumento de eventos extremos em consequência das mudanças climáticas, levou o Bank for International Settlements (BIS) a publicar o livro *The Green Swan*.

40. P. R. Haddad, *Crise Social e Crise Ambiental no Brasil*, Belo Horizonte, Repensar, 2019.

O livro indica que o investimento privado superou em muito o investimento público global e que os eventos climáticos extremos, que aumentaram sua frequência e magnitude, trazem grandes custos. As interrupções na produção e os aumentos repentinos de preços, entre outros efeitos, podem afetar desde a vida de segmentos específicos da população até países inteiros, de segmentos da economia às instituições financeiras, provocando efeitos em cascata com potencial para ensejar uma crise global[41]. Nesse contexto, não há dúvidas de que o Cisne Verde já permeia todos os setores da economia e a pandemia teve um efeito indireto positivo de aumentar a importância da agenda climática. Mas o que isso diz respeito à agricultura brasileira?

Inicialmente, as recentes previsões da Food and Agriculture Organization of the United Nations (FAO) sobre o crescimento da demanda por alimentos não deixam dúvidas sobre a importância da agricultura brasileira. Segundo a FAO[42], até 2050 a população global alcançará 9,7 bilhões de pessoas. O consumo de alimentos, além de aumentar 60%, será orientado por uma sociedade cada vez mais exigente em termos de saúde e de segurança dos alimentos. Também aumentarão os consumos de energia (40%) e de água (50%).

Ainda segundo a FAO[43], o mercado global de alimentos será regionalmente desproporcional. O crescimento da demanda se concentrará na Ásia, onde viverão cerca de 60% da classe média global, enquanto a oferta aumentará na América do Sul, única região com recursos naturais suficientes para atender essa demanda de imediato[44]. Ou seja, a responsabilidade do Brasil é grande, pois, além de alimentos, deverá produzir água e sequestrar carbono.

Esse cenário sugere que o Brasil estará no centro da geopolítica global. Nem tanto pelo seu poder geopolítico, mas pela importância dos seus biomas para mitigação das mudanças climáticas, em especial a Amazônia. Além disso e apesar dos problemas que marcam o país desde 2015, que são mais um "tropeço" do que a regra na reputação ambiental do Brasil, a exuberância do clima tropical, o acúmulo de conhecimento e as capacidades de produção

41. P. A. Vieira Júnior, A. M. Buainain e R. D. P. Grundling, "ESG: Por Que É Tão Importante para o Brasil?", *LexLatin*, 1 jun. 2021.

42. Food and Agriculture Organization, *Faostat*, 2021.

43. *Idem.*

44. Empresa Brasileira de Pesquisa Agropecuária, *Visão 2030: O Futuro da Agricultura Brasileira*, Brasília, Embrapa, 2018.

e de inovação colocam a agricultura do Brasil na preferência mundial para projetos de investimento em desenvolvimento sustentável[45].

Uma pista das possibilidades de investimento sustentável na agricultura brasileira é a necessidade de aumentar a produtividade, em especial da terra. Tomando como exemplo os rendimentos obtidos nos Cerrados nas segundas safras de milho nos anos de 2015 e 2016, o rendimento da safra de 2016 equivaleu a apenas 63% daquele obtido em 2015 devido à forte estiagem, que poderia ser mitigada com o uso da irrigação. A irrigação, além de mitigar o risco de produção, possibilita ocupar a terra por um período maior e viabiliza a diversificação da produção com espécies de maior valor, a exemplo de frutas e hortaliças.

Apesar do potencial e de a área irrigada no Brasil ter crescido mais de 5% ao ano durante a segunda década do século XXI, a comparação com os EUA revela onde estamos. Enquanto o Brasil conta com pouco mais de seis milhões de hectares irrigados, o correspondente a menos de 10% da área cultivada com grãos ou cerca de 2% da área agrícola total, nos EUA a área irrigada é de cerca de 23 milhões de hectares, correspondendo a 32% da cultivada com grãos ou 5,5% da área agrícola total. Ainda, é importante considerar que uma agricultura mais intensiva em capital e recursos naturais, como a irrigada, implica em correção das distorções ambientais e tem grande potencial para a geração de riquezas e empregos[46].

Outra pista do paradigma que deve orientar o terceiro salto da agricultura vem da evolução do capitalismo. Após as "ondas" da máquina a vapor, da química, eletricidade e da comunicação, o capitalismo entra na "onda" da produtividade dos recursos naturais. Nesse cenário, há uma miríade de oportunidades para o desenvolvimento sustentável tendo como base o setor agrícola, em especial nas regiões Sul, Sudeste, Centro-Oeste e parte da região Nordeste, onde a produção agrícola calcada em ciência está consolidada. O controle biológico de pragas e doenças, a reutilização de detritos e rejeitos e o uso de microrganismos na fertilização das culturas são exemplos da trajetória tecnológica calcada nos bioinsumos.

45. P. A. Vieira Júnior, A. M. Buainain e R. D. P. Grundling, "ESG: Por Que É Tão Importante para o Brasil?"

46. P. A. Vieira Júnior, A. M. Buainain, D. Dourado Neto e E. Contini, "ESG – Agricultura Brasileira: O Próximo Salto", *Agro DBO*, n. 97, pp. 38-41, mar. 2018.

Os bioinsumos compõem uma tendência global e o Brasil pode fazer a diferença. Hoje, nos sistemas de produção brasileiros, cerca de quarenta milhões de hectares são cultivados com bactérias promotoras de crescimento de plantas, e mais de dez milhões de hectares recebem produtos para o controle biológico de pragas. Estima-se um mercado nacional de duzentos milhões de dólares, e global de oito bilhões de dólares, com taxa de crescimento superior a 13% ao ano, especialmente na América Latina, pelo potencial de produtividade da agricultura tropical e pela demanda dos setores produtivos e da sociedade. Nos últimos anos, há um aumento no registro de produtos biológicos, com o surgimento de empresas produtoras de insumos biológicos de diferentes portes. Destaca-se que, além de muitos potenciais bioinsumos a serem desenvolvidos, o Brasil, como poucos países do mundo, tem a oportunidade de ser protagonista na bioeconomia baseada na maior biodiversidade do planeta[47].

Além dos bioinsumos, o uso de tecnologias da informação (TI) está transformando a agricultura brasileira. O processo de decisão do produtor rural, historicamente baseado na tradição, experiência e intuição, passou a ser apoiado por informações precisas e em tempo real. Máquinas agrícolas são equipadas com sistemas que permitem seu monitoramento e operação remotos. Drones observam as produções e softwares auxiliam a gestão dos dados. Agora, é a vez da interconexão desses recursos, a chamada "agricultura 4.0", que representa a chegada da internet das coisas (IOT) no meio rural.

Os equipamentos conectados, com apoio de inteligência artificial e aprendizado de máquina, irão analisar os dados da cadeia produtiva e tomar as decisões. Caberá ao produtor acompanhar, monitorar e endossar os processos em curso. Essa realidade, apesar de futurista, já está em marcha no Brasil. Segundo o IBGE[48], já são mais de 1,5 milhão de produtores rurais acessando dados por meio de dispositivos eletrônicos, número 1.900% superior ao de dez anos atrás. Uma restrição à popularização dessas tecnologias é a infraestrutura de telecomunicações no Brasil que, se por um lado é um problema, por outro, pode se tornar um receptor de investimentos e, consequentemente, gerador de empregos[49].

47. C. O. Soares, "Pensando a Inovação: 'O Próximo Salto'", *AgEvolution*, 18 set. 2020.
48. Instituto Brasileiro de Geografia e Estatística, *Sistema IBGE de Recuperação Automática – Sidra.*
49. D. Zaparolli, "Agricultura 4.0", *Pesquisa Fapesp*, n. 287, pp. 14-20, jan. 2020.

Além das questões relacionadas com a produção, o terceiro salto da Agricultura Tropical impacta o consumo de alimentos, que pode ser analisado sob dois aspectos: o qualitativo, diz respeito às mudanças nos hábitos alimentares, e o quantitativo. Do ponto de vista dos hábitos alimentares, o consumo de alimentos pode ser avaliado com base em cinco macrotendências: sensorialidade e prazer, saudabilidade e bem-estar, conveniência e praticidade, confiabilidade e qualidade, sustentabilidade e ética[50].

Além disso, como não tem havido melhoria qualitativa na dieta da população, com impactos negativos sobre a saúde pública, os governos têm implementado programas acelerando a mudança de hábitos dos consumidores. Tais movimentos têm ainda sido reforçados por iniciativas de grandes varejistas no sentido de oferecer produtos com apelos de saudabilidade e sustentabilidade, além de existirem organizações não governamentais empenhadas em orientar a dieta dos consumidores[51].

As tendências no consumo de alimentos sugerem que os consumidores tenderão a demandar maior quantidade, qualidade e variedade de alimentos. Isso implica que os consumidores tenderão a consumir alimentos mais nutritivos, produtos funcionais, produtos naturais e orgânicos. Sob o aspecto da sensorialidade e do prazer, os produtos saudáveis necessitam carregar o benefício *tastefull nutrition* sem perder o benefício da conveniência. Por outro lado, a crescente demanda por mecanismos de confiança e a tendência do consumidor em otimizar a relação entre a qualidade e o preço dos alimentos representam um grande desafio para o setor[52].

O compromisso com a sustentabilidade representa uma grande oportunidade para o setor agrícola no Brasil, tendo em vista que a valorização de atributos relacionados à sustentabilidade pode gerar oportunidades, tanto para a produção quanto para o beneficiamento e processamento de alimentos. Assim, as tecnologias da informação, a bioeconomia e o processamento dos

50. R. A. Rego, A. Vialta, L. F. Ceribelli, *Indústria de Alimentos 2030: Ações Transformadoras em Valor Nutricional dos Produtos, Sustentabilidade da Produção e Transparência na Comunicação com a Sociedade*, São Paulo, Ital/Abia, 2020.
51. J. Kearney, "Food Consumption Trends and Drivers", *Philosophical Transactions of the Royal Society B: Biological Sciences*, vol. 365, pp. 2793-2807, 2010.
52. Centro de Gestão de Estudos Estratégicos, "Sustentabilidade e Sustentação da Produção de Alimentos no Brasil", *Consumo de Alimentos: Implicações para a Produção Agropecuária*, Brasília, CGEE, 2014.

alimentos devem ser perseguidos pela Agricultura Tropical como elementos centrais do terceiro salto. Porém, é preciso ter em conta que o Brasil é bastante diverso, tanto em termos de oferta ambiental quanto em termos de desenvolvimento agrícola e socioeconômico.

Por exemplo, a região Centro-Oeste apresenta uma agricultura moderna, produtiva e está associada aos melhores indicadores de desenvolvimento socioeconômico do país. Já as regiões Norte e Nordeste, que apresentam os piores indicadores de desenvolvimento socioeconômico do Brasil, contam com agriculturas de baixa produtividade, inclusive com predomínio do extrativismo não sustentável e de elevada desigualdade social. Ou seja, enquanto algumas regiões carecem do próximo salto, outras regiões sequer desenvolveram a institucionalidade da agricultura movida pela inovação.

Nesse sentido, além de difundir as vantagens da agricultura movida pela inovação, é preciso atenção com o desenvolvimento socioeconômico, especialmente nos espaços mais pobres do país como as regiões Norte e Nordeste. Não são poucos os exemplos do potencial dos transbordamentos do setor agrícola para o desenvolvimento sustentável. Por exemplo, em alguns municípios do Brasil, apesar de a produção agrícola contribuir com menos de 10% do produto, os empregos industriais e de serviços relacionados com o setor agrícola (agronegócio) chegam a mais de 30% do emprego municipal[53].

Merece atenção especial a questão da Amazônia. O espaço brasileiro é dividido em dois mundos: a Amazônia e o resto do país. A Amazônia, equivocadamente caracterizada como um deserto social, é habitada por vidas em exuberante abundância. Vegetais e animais formam um bioma gigantesco que propicia as condições climáticas que viabilizam as relações sociais e econômicas em boa parte do mundo. O risco que hoje paira sobre a Amazônia é uma dupla ameaça vital para todo o país.

A degradação da Amazônia mudaria o regime de chuvas global, deslocaria a atividade agrícola e reduziria o espaço econômico para a produção de alimentos. Seria um desastre ecológico de enormes dimensões, com repercussões profundas. Além disso, o processo corrente de ocupação e exploração da Amazônia atrai a atenção do mundo inteiro, que se julga ameaçado pelos efeitos climáticos e ambientais que poderia provocar no planeta. Mas, inde-

53. IBGE, *Sistema IBGE de Recuperação Automática – Sidra.*

pendentemente da dimensão internacional, o desmatamento da Amazônia é – e assim deveria ser tratado – a principal ameaça para o desenvolvimento do Brasil. Inclusive por razões estritamente da racionalidade econômica.

Alguns recursos naturais, como o petróleo, devem ser usados o mais rápido possível enquanto têm valor; outros, como a biodiversidade, devem ser preservados porque seu valor tende a crescer, exponencialmente. E, de imediato, afeta diretamente a agricultura brasileira, que tem sido a galinha de ovos de ouro desde meados da década de 1990. O enfrentamento dessa ameaça exige a mobilização da sociedade brasileira e da opinião pública internacional para combater a devastação. Esta ação imediata não pode excluir o emprego de nossos recursos humanos, institucionais e naturais, para elaborar e implementar um plano de ocupação econômica sustentável de médio e longo prazo da região, que promova o desenvolvimento e preserve os recursos naturais, em especial a floresta.

Ainda há muito que fazer para a Agricultura Tropical se tornar um modelo que, além de dinâmico, seja inclusivo e respeite os limites dos recursos naturais. É importante direcionar ações para a recuperação de recursos naturais, a preservação e a utilização sustentável da riqueza ambiental do país. Da mesma forma, é preciso estimular a geração de empregos por meio de novos negócios e da agregação de valor às cadeias produtivas derivadas do setor agrícola. Esses fatores, necessários para o desenvolvimento do país, devem ter como instituição básica a inovação.

Também devem considerar que cada bioma, com suas características específicas, apresenta questões críticas que, apesar de peculiares à sua região, evidenciam interdependência entre as dimensões social, ambiental e econômica. O impacto causado em uma das dimensões repercute de alguma maneira em outra dimensão, indicando que ações fragmentadas não serão eficazes na formulação da estratégia e na implementação de programas, políticas e iniciativas, visando ao desenvolvimento sustentável da agricultura brasileira. Ou seja, antes de qualquer iniciativa, é preciso conhecer a heterogeneidade dos sistemas agrícolas nos biomas brasileiros, em especial quanto ao uso dos recursos naturais e a capacidade de promover o desenvolvimento socioeconômico[54].

54. A. M. Buainain *et al.*, *Desafios para a Agricultura nos Biomas Brasileiros.*

Considerações Finais

O futuro do Brasil passa pelo estabelecimento e fortalecimento de uma agricultura sustentável, inovadora e resiliente; baseada em sistemas de produção complexos, com alto nível de especialização, visão transdisciplinar, focada na multifuncionalidade da agricultura, dos alimentos e de seus derivados. Os avanços decorrentes da inovação serão suportados pela ciência calcada em ativos de base biológica e a engenharia.

O futuro é desafiador, porém, não deve intimidar um país que, em menos de quatro décadas, passou de importador a exportador de alimentos e teve capacidade para adaptar aos trópicos a agricultura que era praticada em países de clima temperado. Esse feito é consequência do conhecimento acumulado, de planejamento, instituições, persistência nas ações, visão de longo prazo, de uma visão estratégica que se manteve a despeito de crises, conflitos e contradições.

A competência estabelecida das instituições de C&T e gestão empresarial do setor agrícola não deixa dúvidas de que o Brasil pode dobrar a produção de alimentos sem desmatar, e ainda contribuir de forma decisiva para o melhoramento das condições ambientais do planeta. Para tanto, requer recuperar os déficits ambientais da Agricultura Tropical, especialmente quanto ao desmatamento e a perda de biodiversidade, intensificar a produtividade e ainda gerar transbordamentos para os demais setores da economia, notadamente o setor de serviços. Além disso, deve mirar a importância da Agricultura Tropical para a manutenção da paz mundial, tanto pela produção de alimentos quanto pela exportação de sua tecnologia, notadamente aos continentes africano e asiático.

Referências

Arruda, José Jobson de Andrade; Ferlini, Vera Lucia Amaral; Matos Maria Izilda Santos de & Souza, Fernando de. *De Colonos a Imigrantes*. São Paulo, Alameda, 2013.

______ & Pilleti, Nelson. *Toda a História: História Geral e História do Brasil*. São Paulo, Ática, 1999.

Buainain, Antônio Márcio *et al. Desafios para a Agricultura nos Biomas Brasileiros*. Brasília, Embrapa, 2020.

Cavallet, Valdo José. *A Formação do Engenheiro Agrônomo em Questão: A Expectativa de um Profissional que Atenda as Demandas Sociais do Século XXI*. São Paulo, FE-USP, 1999 (Tese de Doutorado).

"Cursos de Engenharia Agronômica no Brasil". *Redação Globo Rural*, 23 set. 2014.

Delfim Netto, Antônio. *O Problema do Café no Brasil*. São Paulo, Unesp, 2009.

Empresa Brasileira de Pesquisa Agropecuária. *Visão 2030: O Futuro da Agricultura Brasileira*. Brasília, Embrapa, 2018.

Food and Agriculture Organization. *Faostat*, 2021.

Furtado, Celso. *Formação Econômica do Brasil*. São Paulo, Companhia das Letras, 2007.

Gasques, José Garcia; Bacchi, Mirian Rumenos Piedade & Bastos, Eliana Teles. "Crescimento e Produtividade da Agricultura Brasileira de 1975 a 2016". *Carta de Conjuntura*, n. 38, pp. 207-214, jan.-mar. 2018.

Haddad, Paulo Roberto. *Crise Social e Crise Ambiental no Brasil*. Belo Horizonte, Repensar, 2019.

IBGE. *Sistema IBGE de Recuperação Automática – Sidra*. Disponível em: https://sidra.ibge.gov.br/home/pms/brasil.

Instituto Agronômico de Campinas. "Conheça o Instituto Agronômico (IAC), de Campinas", IAC, 2021. Disponível em: https://www.iac.sp.gov.br/areadoinstituto/instituto

Kearney, John. "Food Consumption Trends and Drivers". *Philosophical Transactions of the Royal Society B: Biological Sciences*, n. 365, pp. 2793-2807, 2010.

Lobo, Luiza. *Terras Proibidas: A Saga do Café no Vale do Paraíba do Sul*. Rio de Janeiro, Rocco, 2011.

Machado, Fúlvio de Barros Pinheiro. "Brasil, a Doce Terra: História do Setor". 2003.

Mendes, Cássia Isabel Costa; Buainain, Antônio Márcio & Fasiaben, Maria do Carmo Ramos. "O Sistema Nacional de Pesquisa Agropecuária e a Cooperação entre as Instituições Públicas de Pesquisa". *In: Anais do 52º Congresso da Sociedade Brasileira de Economia, Administração e Sociologia Rural*. Goiânia, 27-30 jul. 2014.

Mota, Mierson Martins & Contini, Elisio. "Comércio Internacional de Produtos do Agronegócio". *In:* Vieira Jr., Pedro Abel; Contini, Elisio; Henz, Gilmar Paulo & Nogueira, Virgínia Comes de Caldas (eds.). *Geopolítica do Alimento: O Brasil como Fonte Estratégica de Alimentos para a Humanidade*. Brasília, Embrapa, 2019, pp. 99-134.

Neves, Costa. *A Estória do Café*. Rio de Janeiro, IBC, 1974.

Oliveira, José Teixeira de. *História do Café no Brasil e no Mundo*. Rio de Janeiro, Francisco Alves, 2005.

Peixoto, Fabrícia. "Linha do Tempo: Entenda como Ocorreu a Ocupação da Amazônia". *BBC News Brasil*, 22 jul. 2009.

Posser, Augusto José. "A Agronomia no Contexto do Ensino Superior". *Revista Agronomia Brasileira*, vol. 3, n. 3, jan. 2019.

Rego, Raul Amaral; Vialta, Airton & Ceribelli, Luis Fernando. *Indústria de Alimentos 2030: Ações Transformadoras em Valor Nutricional dos Produtos, Sustentabilidade da Produção e Transparência na Comunicação com a Sociedade*. São Paulo, Ital/Abia, 2020.

Arias, Diego; Mendes, Paulo & Abel, Pedro (coord.). *Revisão Rápida e Integrada da Gestão de Riscos Agropecuários no Brasil: Caminhos para uma Visão Integrada*. Brasília, Banco Mundial, 2015.

Rodrigues, Gelze Serrat de Souza Campos & Ross, Jurandyr Luciano Sanches. *A Trajetória da Cana-de-Açúcar no Brasil: Perspectivas Geográfica, Histórica e Ambiental*. Uberlândia, Edufu, 2020.

Rodrigues, Roberto. "Desenvolvimento Rural: Agricultura e Agronomia", *Estudos Avançados*, n. 15, dez. 2001 (Dossiê Desenvolvimento Rural).

Schwartz, Stuart B. "A Commonwealth Within Itself: The Early Brazilian Sugar Industry, 1550-1670". *Revista de Índias*, n. 233, vol. 65, pp. 79-116, 2005.

Silva, Paulo Roberto; Vale Francisco Xavier Ribeiro do & Jahnel, Marcelo Cabral. "Retrospecto e Atualidade da Engenharia Agronômica: Breve Histórico da Agronomia". *In*: vv. aa. *Trajetória e Estado da Arte da Formação em Engenharia, Arquitetura e Agronomia*, vol. xi, *Engenharia Agronômica*. Brasília, Inep, 2010, pp. 21-48.

Soares, Cleber Oliveira. "Pensando a Inovação: "O Próximo Salto"". *AgEvolution*, 18 set. 2020.

"Sustentabilidade e Sustentação da Produção de Alimentos no Brasil". *In*: *Consumo de Alimentos: Implicações para a Produção Agropecuária*, Brasília, cgee, 2014.

Taunay, Afonso d'Escragnolle. *História do Café no Brasil: No Brasil Colonial, 1727-1822*. Rio de Janeiro, 1939, vol. 2, t. 2.

Toscano, Luiz Fernando. "A Agronomia Através dos Tempos". *Diário de Votuporanga*, ano 50, n. 12.798, 11 nov. 2003.

Vieira Jr., Pedro Abel; Buainain, Antônio Márcio; Dourado Neto, Durval & Contini, Elísio. "esg – Agricultura Brasileira: O Próximo Salto". *Agro dbo*, n. 97, pp. 38-41, mar. 2018.

______; Buainain, Antônio Márcio & Grundling, Roberta Dalla Porta. "esg: Por Que É Tão Importante para o Brasil?". *LexLatin*, 1 jun. 2021.

______; Buainain, Antônio Márcio; Vieira, Adriana Carvalho Pinto & Almeida, Giovanna Soares. "O Centro-Oeste Brasileiro como Fronteira Agrícola". *In*: *Anais do vii Congreso de la Asociación Latinoamericana de Sociología Rural*. Quito, 2006.

______; Almeida, Giovanna Soares & Ramos, Pedro. "Os Programas de Desenvolvimento Econômico do Centro-Oeste Brasileiro e suas Consequências: Anos 60 e 70". *In*: *Anais do vii Congreso de la Asociación Latinoamericana de Sociología Rural*. Quito, 2006.

Vita, Christiane Leles Rezende de & Zylbersztajn, Decio. "Quebras Contratuais e Dispersão de Sentenças". *Revista Direito fgv*, n. 1, vol. 7, pp. 156-176, 2011.

Zaparolli, Danilo. "Agricultura 4.0". *Pesquisa Fapesp*, n. 287, pp. 14-20, jan. 2020.

Apêndice – Instituições Brasileiras de Ensino Superior e seus *Campi* que Oferecem Cursos de Agronomia

Instituição	Sigla	Município/Campus
Acre		
Universidade Federal do Acre	UFAC	Cruzeiro do Sul
		Rio Branco
Alagoas		
Universidade Federal de Alagoas	UFAL	Rio Largo
		Arapiraca
Amapá		
Instituto Macapaense de Ensino Superior	IMMES	Macapá
Amazonas		
Universidade Federal do Amazonas	UFAM	Humaitá
		Itacoatiara
		Manaus
Bahia		
Faculdade Arnaldo Horácio Ferreira	FAHHF	Luís Eduardo Magalhães
Faculdade de Ciências Humanas e Sociais	Faculdade Ages	Paripiranga
João Sá Faculdade do Nordeste da Bahia	Faneb	Coronel
Faculdade Dom Luís de Orleans e Bragança	FAARP	Ribeira do Pombal
Faculdade São Francisco de Barreiras	FASB	Barreiras
Instituto Federal de Educação, Ciência e Tecnologia Baiano	IF Baiano	Guanambi

Universidade do Estado da Bahia	UNEB	Barreiras
		Euclides da Cunha
		Juazeiro
Universidade Estadual de Feira de Santana	UEFS	Feira de Santana
Universidade Estadual de Santa Cruz	UESC	Ilhéus
Universidade Estadual do Sudoeste da Bahia	UESB	Vitória da Conquista
Universidade Federal do Recôncavo da Bahia	UFRB	Cruz das Almas
Universidade Federal do Oeste da Bahia	UFOB	Barra

Ceará

Instituto Federal de Educação, Ciência e Tecnologia do Ceará	IFCE	Limoeiro do Norte
Universidade da Integração Internacional da Lusofonia Afro-Brasileira	Unilab	Redenção
Universidade Federal do Cariri	UFCA	Crato
Universidade Federal do Ceará	UFC	Fortaleza

Distrito Federal

Faculdades Integradas	UPIS	Brasília
Faculdades Integradas Promove de Brasíla	Icesp/Promove	Brasília
Universidade de Brasília	UNB	Brasília

Espírito Santo

Faculdade Espírito Santense	Unicape	Cariacica
Instituto Federal de Educação, Ciência e Tecnologia do Espírito Santo	IFES	Colatina
		Santa Teresa
Universidade Federal do Espírito Santo	UFES	Alegre
		São Mateus

Goiás

Centro Universitário de Goiás	Uni-Anhanguera	Goiânia
Centro Universitário de Mineiros	Unifimes	Mineiros
Faculdade de Filosofia e Ciências Humanas de Goiatuba	Fafich	Goiatuba
Faculdade Evangélica de Goianésia	Faceg	Goianésia
Faculdade Montes Belos	FMB	São Luís de Montes Belos
Faculdade Metropolitana de Anápolis	Fama	Anápolis
Instituto Federal de Educação, Ciência e Tecnologia Goiano	IF Goiano	Ceres
		Iporá
		Morrinhos
		Rio Verde
		Urutaí
Instituto Luterano de Ensino Superior de Itumbiara	ILES	Itumbiara
Universidade de Rio Verde	Fesurv	Rio Verde
Universidade Estadual de Goiás	UEG	Ipameri
		Palmeiras de Goiás
Universidade Evangélica	Uni-Evangélica	Anápolis
Universidade Federal de Goiás	UFG	Goiânia
		Jataí

Maranhão

Instituto Federal de Educação, Ciência e Tecnologia do Maranhão	IFMA	Codó
Universidade Estadual do Maranhão	UEMA	Balsas
		Imperatriz
		São Luís
		Chapadinha

Mato Grosso		
Grande Centro Universitário de Várzea Grande	Univag	Várzea
Faculdade Anhanguera de Rondonópolis	FAR	Rondonópolis
Faculdade Centro Mato-Grossense	Facem	Sorriso
Faculdade de Ciências Agrárias e Exatas de Primavera do Leste	n.a.	Primavera do Leste
Faculdade de Ciências Sociais Aplicadas do Vale do São Lourenço	Eduvale	Jaciara
Instituto Federal de Educação, Ciência e Tecnologia de Mato Grosso	IFMT	Campo Novo do Parecis
		Confresa
		Santo Antônio de Leverger
		Campo Verde
União de Ensino Superior de Nova Mutum	Uninova	Nova Mutum
Universidade de Cuiabá	UNIC-Pitágoras	Cuiabá
Universidade do Estado de Mato Grosso	Unemat	Alta Floresta
		Cáceres
		Nova Xavantina
		Tangará da Serra
Universidade Federal do Mato Grosso	UFMT	Barra do Garça
		Cuiabá
		Primavera do Leste
		Sinop

Mato Grosso do Sul		
Centro Universitário da Grande Dourados	Unigran	Dourados
Faculdades Anhanguera de Dourados	FAD	Dourados
Faculdades Integradas de Três Lagoas	AEMS	Três Lagoas

Universidade Anhanguera	Uniderp	Campo Grande
Universidade Católica Dom Bosco	UCDB	Campo Grande
Universidade Estadual de Mato Grosso do Sul	UEMS	Aquidauana
		Cassilândia
Universidade Federal da Grande Dourados	UFGD	Dourados
Universidade Federal de Mato Grosso do Sul	UFMS	Chapadão do Sul

Minas Gerais

Centro Superior de Ensino e Pesquisa de Machado	Cesep	Machado
Centro Universitário de Formiga	Uniformg	Formiga
Centro Universitário de Patos de Minas	Unipam	Patos de Minas
Centro Universitário do Cerrado-Patrocínio	Unicerp	Patrocínio
Centro Universitário do Planalto de Araxá	Uni-Araxá	Araxá
Centro Universitário do Sul de Minas	UNIS-MG	Varginha
Centro Universitário do Triângulo	Unitri	Uberlândia
Faculdade Cidade de Coromandel	FCC	Coromandel
Faculdade de Ciências e Tecnologia de Unaí	Factu	Unaí
Faculdade de Ciências Humanas e Sociais	Fucamp	Monte Carmelo
Faculdade de Engenharia de Passos	FEP	Passos
Faculdade de Estudos Superiores de Minas Gerais	FEAD	Belo Horizonte
Faculdade do Noroeste de Minas	Finom	Paracatu
Faculdade Presidente Antônio Carlos de Bom Despacho	Faceb	Bom Despacho
Faculdade Presidente Antônio Carlos de Teófilo Otoni	Unipac	Teófilo Otoni

Faculdade Presidente Antônio Carlos de Uberlândia	Unipac	Uberlândia
Faculdade Vértice	Univértix	Matipó
Faculdades Associadas de Uberaba	FAZU	Uberaba
Instituto Federal de Educação, Ciência e Tecnologia de Minas Gerais	IFMG	Bambuí
		São João Evangelista
Instituto Federal de Educação, Ciência e Tecnologia do Norte de Minas Gerais	IFNMG	Arinos
		Januária
		Barbacena
Instituto Federal de Educação, Ciência e Tecnologia do Sul de Minas Gerais	IF – Sul de Minas	Machado
		Muzambinho
Instituto Federal de Educação, Ciência e Tecnologia do Triângulo Mineiro	IF – Triângulo Mineiro	Uberaba
		Uberlândia
Instituto Superior de Ciências Agrárias de Pitangui	ISAP	Pitangui
Universidade Estadual de Minas Gerais	UEMG	Ituiutaba
Universidade Estadual de Montes Claros	Unimontes	Janaúba
Universidade Federal de Lavras	UFLA	Lavras
Universidade Federal de Minas Gerais	UFMG	Montes Claros
Universidade Federal de São João Del Rei	UFSJ	Sete Lagoas
Universidade Federal de Uberlândia	UFU	Uberlândia
		Monte Carmelo
Universidade Federal de Viçosa	UFV	Viçosa
Universidade Federal do Triângulo Mineiro	UFTM	Iturama
Universidade Federal dos Vales do Jequitinhonha e Mucuri	UFVJM	Diamantina
		Unaí
Universidade José do Rosário Vellano	Unifenas	Alfenas
Universidade Vale do Rio Doce	Univale	Governador Valadares
Universidade Vale do Rio Verde	Unincor	Três Corações

Pará		
Centro Universitário Luterano de Santarém	Ceuls	Santarém
Instituto Federal de Educação, Ciência e Tecnologia do Pará	IFPA	Castanhal
		Conceição do Araguaia
Universidade Federal do Oeste do Pará	Ufopa	Santarém
Universidade Federal do Pará	UFPA	Altamira
		Cametá
Universidade Federal do Sul e Sudeste do Pará	Unifesspa	Marabá
Universidade Federal Rural da Amazônia	UFRA	Belém
		Capanema
		Capitão Poço
		Paragominas
		Paraupebas
Paraíba		
Universidade Federal da Paraíba	UFPB	Areia
Universidade Federal de Campina Grande	UFCG	Pombal
Paraná		
Centro Universitário de Maringá	Unicesumar	Maringá
Centro Universitário Dinâmica das Cataratas	UDC	Foz do Iguaçu
Centro Universitário Filadélfia	Unifil	Londrina
Faculdade Assis Gurgacz	FAG	Cascavel
Faculdade Campo Real	n.a	Guarapuava
Faculdade Dinâmica	n.a	Cascavel
Faculdade Educacional de Dois Vizinhos	FAED	Dois Vizinhos

Faculdade Ingá	n.a	Maringá
Faculdade Integrado de Campo Mourão	CEI	Campo Mourão
Faculdades Integradas do Vale do Iguaçu	Uniguaçu	União da Vitória
Faculdades Integradas dos Campos Gerais	CESCAGE	Ponta Grossa
Instituto Federal de Educação, Ciência e Tecnologia do Paraná	IFPR	Palmas
Pontifícia Universidade Católica do Paraná	PUC-PR	São José dos Pinhais
		Toledo
		Curitiba
Universidade Estadual de Londrina	UEL	Londrina
Universidade Estadual de Maringá	UEM	Umuarama
		Maringá
Universidade Estadual de Ponta Grossa	UEPG	Ponta Grossa
Universidade Estadual do Centro-Oeste	UniCentro	Guarapuava
Universidade Estadual do Norte do Paraná	UENP	Bandeirantes
Universidade Estadual do Oeste do Paraná	Unioeste	Marechal Cândido Rondon
Universidade Federal da Fronteira Sul	UFFS	Laranjeiras do Sul
Universidade Federal do Paraná	UFPR	Curitiba
		Palotina
Universidade Norte do Paraná	Unopar	Bandeirantes
		Londrina
Universidade Paranaense	Unipar	Umuarama
Universidade Tecnológica Federal do Paraná	UTFPR	Dois Vizinhos
		Pato Branco

Pernambuco

Faculdade de Ciências Agrárias de Araripina	Faciagra	Araripina

Instituto Federal de Educação, Ciência e Tecnologia de Pernambuco	IFPE	Vitória de Santo Antão
Instituto Federal de Educação, Ciência e Tecnologia do Sertão Pernambucano	IF – Sertão Pernambucano	Petrolina
Universidade Federal do Vale do São Francisco	Univasf	Petrolina
Universidade Federal Rural de Pernambuco	UFRPE	Garanhuns
		Recife
		Serra Talhada

Piauí

Universidade Estadual do Piauí	Uespi	Parnaíba
		Corrente
		Picos
		União
		Uruçuí
Universidade Federal do Piauí	UFPI	Bom Jesus
		Teresina

Rio de Janeiro

Universidade Estadual do Norte Fluminense Darcy Ribeiro	UENF	Campos dos Goytacazes
Universidade Federal Rural do Rio de Janeiro	UFRRJ	Seropédica

Rio Grande do Norte

Universidade Federal do Rio Grande do Norte	UFRN	Macaíba
Universidade Federal do Semiárido	Ufersa	Mossoró

Rio Grande do Sul

Faculdade Anglo-Americano de Bagé	Faaba	Bagé

Faculdade Anglo-Americano de Passo Fundo	Faapf	Passo Fundo
Faculdade de Getúlio Vargas	n.a.	Getúlio Vargas
Faculdade Três de Maio	Setrem	Três de Maio
Instituto Federal de Educação, Ciência e Tecnologia do Rio Grande do Sul	IFRS	Ibirubá
		Sertão
Universidade da Região da Campanha	Urcamp	Bagé
Universidade de Caxias Do Sul	UCS	Vacaria
		Caxias do Sul
Universidade de Cruz Alta	Unicruz	Cruz Alta
Universidade de Passo Fundo	UPF	Passo Fundo
Universidade Estadual do Rio Grande do Sul	Uergs	Cachoeira do Sul
		Santana do Livramento
Universidade Federal da Fronteira Sul	UFFS	Cerro Largo
		Erechim
Universidade Federal de Pelotas	UFPel	Capão do Leão
Universidade Federal de Santa Maria	UFMS	Frederico Westphalen
		Santa Maria
Universidade Federal do Pampa	UniPampa	Itaqui
Universidade Federal do Rio Grande do Sul	UFRGS	Porto Alegre
Universidade Luterana do Brasil	Ulbra	Canoas
Universidade Regional do Noroeste do Estado do Rio Grande do Sul	Unijui	Ijuí
Universidade Regional Integrada do Alto Uruguai e das Missões	URI	Erechim
		Santiago

Rondônia

Centro Universitário Luterano de Ji-Paraná	Ceulji/Ulbra	Ji-Paraná

Faculdade da Amazônia	Fama	Vilhena
Faculdade Interamericana de Porto Velho	Uniron	Porto Velho
Faculdades Integradas Aparício Carvalho	Fimca	Porto Velho
Instituto Federal de Educação, Ciência e Tecnologia de Rondônia	Ifro	Colorado do Oeste
Universidade Federal de Rondônia	Unir	Rolim de Moura

Roraima

Faculdade Roraimense de Ensino Superior	Fares	Boa Vista
Universidade Estadual de Roraima	UERR	Boa Vista
Universidade Federal de Roraima	UFRR	Boa Vista

Santa Catarina

Centro Universitário Barriga Verde	Unibave	Orleans
Faculdade Concórdia	FACC	Concórdia
Faculdade de Itapiranga	SEI/FAI	Itapiranga
Instituto Federal de Educação, Ciência e Tecnologia Catarinense	IF Catarinense	Rio do Sul
		Santa Rosa do Sul
Universidade Alto Vale do Rio do Peixe	Uniarp	Caçador
Universidade Comunitária da Região de Chapecó	Unochapecó	Chapecó
Universidade do Estado de Santa Catarina	Udesc	Lages
Universidade do Oeste de Santa Catarina	Unoesc	Campos Novos
		Maravilha
		São José do Cedro
		Xanxerê
Universidade do Sul de Santa Catarina	Unisul	Tubarão
Universidade Federal da Fronteira Sul	UFFS	Chapecó

Universidade Federal de Santa Catarina	UFSC	Curitibanos
		Florianópolis

São Paulo

Centro Regional Universitário de Espírito Santo do Pinhal	UniPinhal	Espírito Santo do Pinhal
Centro Universitário Anhanguera	Unifian	Leme
Centro Universitário Católico Salesiano Auxilium	UniSalesiano	Lins
Centro Universitário Central Paulista	Unicep	São Carlos
Centro Universitário da Fundação Educacional de Barretos	Unifeb	Barretos
Centro Universitário de Araraquara	Uniara	Araraquara
Centro Universitário de Araras	Unar	Araras
Centro Universitário de Rio Preto	Unirp	São José do Rio Preto
Centro Universitário do Norte Paulista	Unorp	São José do Rio Preto
Centro Universitário Fundação de Ensino Octávio Bastos	Unifeob	São João da Boa Vista
Centro Universitário Moura Lacerda	CUML	Ribeirão Preto
Centro Universitário	Unifafibe	Bebedouro
Faculdade de Ciências Sociais e Agrárias de Itapeva	Fait	Itapeva
Faculdade de Ensino Superior e Formação Integral	Faef	Garça
Faculdade de Ensino Superior Santa Barbara	Faesb	Tatuí
Faculdade de Tecnologia Paulista	Paulista	Lupércio
Faculdade Doutor Francisco Maeda	Fafram	Ituverava
Faculdade Eduvale de Avaré	Eduvale	Avaré
Faculdade Gammon	Funge	Paraguaçu Paulista
Faculdade Integral Cantareira	FIC	São Paulo
Faculdades Adamantinenses Integradas	FAI	Adamantina

Faculdades Integradas de Bauru	FIB	Bauru
Faculdades Integradas de Ourinhos	FIO	Ourinhos
Faculdades Integradas Stella Maris de Andradina	Fisma	Andradina
Instituto Municipal de Ensino Superior de Bebedouro Victório Cardassi	Imesb	Bebedouro
Instituto Taquaritinguense de Ensino Superior Dr. Aristides de Carvalho Schlobach	Ites	Taquaritinga
União das Faculdades dos Grandes Lagos	UniLago	São José do Rio Preto
Universidade Camilo Castelo Branco	UniCastelo	Descalvado
		Fernandópolis
Universidade de Marília	Unimar	Marília
Universidade de Ribeirão Preto	Unaerp	Ribeirão Preto
Escola Superior de Agricultura Luiz de Queiroz da Universidade de São Paulo	Esalq	Piracicaba
Universidade de Sorocaba	Uniso	Sorocaba
Universidade de Taubaté	Unitau	Taubaté
Universidade do Oeste Paulista	Unoeste	Presidente Prudente
Universidade do Sagrado Coração	USC	Bauru
Universidade Estadual Paulista Júlio de Mesquita Filho	Unesp	Botucatu
		Campus Experimental em Dracena
		Campus Experimental em Registro
		Ilha Solteira
		Jaboticabal
Universidade Federal de São Carlos	UFScar	Araras
		Buri
		Sorocaba

Sergipe		
Universidade Federal de Sergipe	UFS	São Cristóvão

Tocantins		
Faculdade Católica do Tocantins	Facto	Palmas
Faculdade Guaraí	FAG	Guaraí
Instituto Federal de Educação, Ciência e Tecnologia do Tocantins	Ifto	Araguatins
Universidade do Tocantins	Unitins	Palmas
Universidade Federal do Tocantins	UFT	Gurupi

CAPÍTULO 2

Ciência de Dados e Inteligência Artificial na Engenharia de Reservatórios de Petróleo

Cleyton de Carvalho Carneiro e Lucas Abreu Blanes de Oliveira

Introdução

As atividades do setor industrial passam atualmente por mais um importante momento de transformação. A indústria 4.0, também conhecida como a quarta revolução industrial, está proporcionando um nível de automação e conectividade de processos jamais visto. Enquanto as transformações observadas nos séculos XIX e XX revolucionaram a indústria por meio da mecanização e digitalização[1], avanços relacionados à capacidade de processamento computacional, internet e inteligência artificial geraram um nível elevado de abstração das máquinas. Isso permitiu substituir processos cada vez mais complexos, tais como a interpretação do comportamento humano e as tomadas de decisão.

Países como Alemanha, China, Estados Unidos e Japão já definiram planos para adequar suas engenharias industriais à nova era[2]. Essa revolução surge da necessidade de atender a cinco principais condições[3]: *1.* aceleração das inovações tecnológicas; *2.* individualização de demandas; *3.* flexibilidade

1. H. Lasi *et al.*, "Industry 4.0", *Business & Information Systems Engineering*, vol. 6, n. 4, pp. 239-242, 19 jun. 2014.
2. H. Lu, L. Guo, M. Azimi e K. Huang, "Oil and Gas 4.0 Era: A Systematic Review and Outlook", *Computers in Industry*, vol. 111, pp. 68-90, 2019.
3. H. Lasi *et al.*, "Industry 4.0".

nos serviços; 4. descentralização; e 5. eficiência de recursos. Sendo assim, é esperado que os sistemas sejam cada vez mais integrados em todas as etapas das atividades econômicas.

As engenharias associadas à indústria de petróleo, considerando esse contexto, não podem ficar obsoletas. Variações recentes no preço do barril de óleo[4] motivaram empresas a desenvolver maior resiliência para lidar com um cenário global mais instável. Paralelamente, as demandas por energias livres de carbono impulsionadas pelas mudanças climáticas estão fazendo com que gigantes do setor de óleo e gás repensem toda a sua estratégia de atuação[5]. Com esses desafios, é de se esperar que as engenharias aliadas à indústria de petróleo busquem agregar os avanços da revolução 4.0 em sua estrutura. Entretanto, com a baixa maturidade da indústria de petróleo em termos de digitalização[6], a real aplicação das tecnologias digitais ainda envolve muita especulação.

Áreas como o *midstream* e *downstream*, relativas ao transporte, refino e comercialização do óleo e gás, apresentam diversas oportunidades em termos de automação e modularização[7]. O acompanhamento em tempo real dessas atividades gera uma quantidade enorme de dados que podem ser utilizados para alimentar redes de inteligência artificial capazes de gerenciar essas áreas de forma otimizada. Algo semelhante pode ser aplicado às atividades do *upstream* relativas à perfuração de poços por *oil rigs*, ao gerenciamento de plantas de produção, e ao entendimento da dinâmica dos reservatórios como um todo[8]. Com isso, é possível afirmar que um dos principais desafios das engenharias que compõem a indústria de petróleo será a aplicação das tecnologias digitais nas áreas de exploração, caracterização e engenharia de reservatórios.

A exploração e caracterização de reservatórios envolve a delimitação de um reservatório de hidrocarbonetos que seja economicamente viável, bem como sua tradução em um modelo que incorpore as características petrofísi-

4. G. DePersio, "Why Did Oil and Natural Gas Prices Plummet in 2014?", *Investopedia*, 2019.
5. R. Bousso, "BP's Oil Exploration Team Swept Aside in Climate Revolution", *Reuters*, 24 Jan. 2021.
6. G. C. Kane *et al.*, "Strategy, Not Technology, Drives Digital Transformation: Becoming a Digitally Mature Enterprise", *MIT Sloan Management Review*, summer 2015.
7. H. Lu, L. Guo, M. Azimi e K. Huang, "Oil and Gas 4.0 Era: A Systematic Review and Outlook".
8. O. Bello *et al.*, "Next Generation Downhole Big Data Platform for Dynamic Data-Driven Well and Reservoir Management", *SPE Reservoir Characterisation and Simulation Conference and Exhibition 2017*, Abu Dhabi, UAE, pp. 884-921, May 2017.

cas relativas à capacidade de armazenar e produzir esses hidrocarbonetos[9]. As informações que alimentam esse modelo podem ser provenientes de sísmica, perfis de poços, amostras de rochas e fluidos, além dos testes de formação. Estas informações apresentam diversas escalas de abordagens, variando entre nanométricas até centenas de metros, conforme a figura 1. Por outro lado, a engenharia de reservatórios lida com a previsão de comportamento e estimativa do potencial produtor das reservas, além de explorar técnicas para incremento da recuperação do petróleo.

Figura 1. Escalas de Abordagem

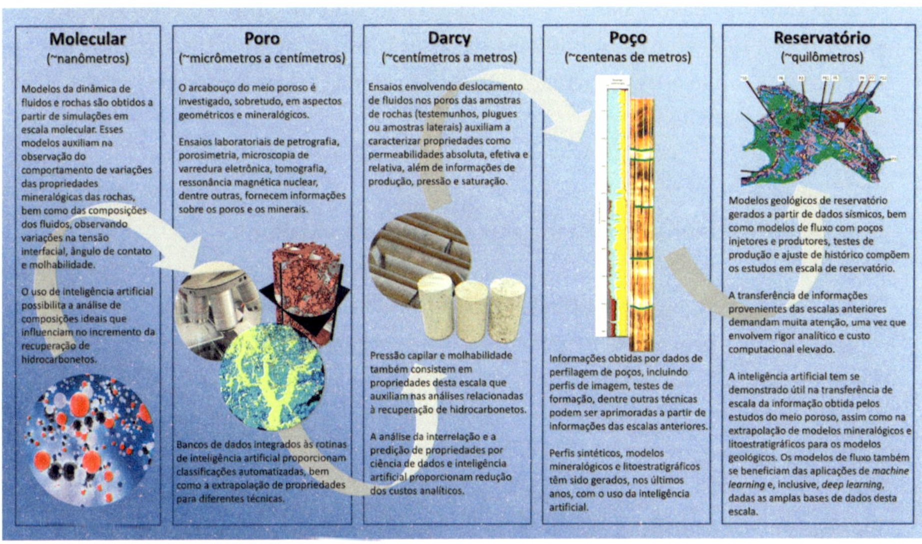

Diferentes escalas de abordagem utilizadas na geração dos modelos aplicados às engenharias dos reservatórios de petróleo e suas relações com a inteligência artificial e ciência de dados.

Dadas as diferentes escalas de abordagem e os diversos temas que afetam a indústria de petróleo, as atividades de exploração, caracterização e engenharia de reservatórios estão sujeitas a diferentes abundâncias de dados. Enquanto na escala de reservatório os levantamentos sísmicos e seus inúmeros

9. I. Zabalza-Mezghani, E. Manceau, M. Feraille e A. Jourdan, "Uncertainty Management: From Geological Scenarios to Production Scheme Optimization", *Journal of Petroleum Science and Engeneering*, n. 44, pp. 11-25, 2004.

atributos tendem ao *big data*, na escala de poro, medidas de porosidade e permeabilidade obtidas em laboratórios podem gerar bancos de dados com informações escassas. Isso ocorre por questões relacionadas à baixa frequência de amostragem, incertezas quanto à representatividade, ou mesmo quanto ao viés das rochas coletadas.

As técnicas tradicionais de *machine learning*, muitas baseadas em *big data*, podem não apresentar bom desempenho ao lidar com a diversidade das bases de dados. Nesse contexto, temos como objetivo fazer aqui uma revisão de trabalhos que aplicam tecnologias digitais em áreas relacionadas à exploração, caracterização e engenharia de reservatórios de petróleo, em diferentes escalas de abordagem, dando ênfase às escalas de poro, poço e reservatório. Além disso, buscaremos identificar desafios e traçar perspectivas para o futuro no que tange à transformação tecnológica das engenharias associadas à indústria de petróleo.

Escalas de Abordagem da Engenharia de Reservatórios

Nesta seção, a engenharia de reservatórios é abordada em três diferentes níveis: escala de poro, escala de poço e escala de reservatório, varrendo da micro à macro escala.

Escala de Poro

A principal fonte de informação para os estudos do meio poroso são as amostras de rocha. As análises laboratoriais e a caracterização geológica dessas amostras geram os insumos para o modelo geológico, responsável por controlar a distribuição dos diferentes tipos de rocha ao longo do reservatório. Entretanto, a coleta de amostras de rocha, seja por amostragem lateral ou por testemunhagem, apresenta um custo elevado, minimizando a disponibilidade desse tipo de informação. Adicionalmente, o interesse em regiões específicas do reservatório, normalmente as zonas de melhor permoporosidade, faz com que a coleta das amostras se concentre em regiões específicas do reservatório. A maior densidade de amostragem em regiões específicas propicia o enviesamento das bases de dados, tornando escassas as informações de rocha externas às zonas permoporosas. A representatividade das amostras coletadas ante a heterogeneidade das formações rochosas também pode propiciar a elevação da incerteza propagada nas diversas escalas.

Com a escassez da amostragem de rocha em contraste com as dimensões dos reservatórios, espera-se que o máximo de informação seja obtida destas amostras. As análises laboratoriais comumente aplicadas às amostras de rocha são: *1.* análises petrofísicas, que obtêm propriedades relacionadas à porosidade, permeabilidade e permeabilidade relativa; *2.* análises de lâminas petrográficas, fluorescência e difratometria de raios X (FRX e DRX, respectivamente) e microscopia eletrônica de varredura (MEV), que auxiliam na obtenção de informações sobre a composição química e mineralógica; e *3.* tomografia, que entre outras informações, obtém dados sobre a geometria do arcabouço poroso. Nesse contexto, algoritmos de *machine learning* e *deep learning* têm auxiliado os especialistas a otimizarem e padronizarem suas análises.

A tomografia das amostras de rocha fornece um volume 3D com valores em escala de cinza que apresentam correlação com a densidade dos minerais. Esse volume 3D pode ser subdividido em diversas imagens 2D, representando fatias da rocha tomadas em determinada direção. Sendo assim, redes neurais convolucionais (CNN) possibilitam a classificação desses volumes em diferentes tipos de rocha[10], bem como a estimativa das propriedades de porosidade e permeabilidade[11]. A estrutura de *autoencoders* torna viável a segmentação desses dados[12], importante na individualização de grãos e poros nos volumes tomográficos.

Lâminas petrográficas consistem em relevante ferramenta utilizada pelos geólogos para a compreensão dos tipos de rochas presentes nos reservatórios. Por se tratar de uma imagem 2D, ANN associadas a imagens obtidas por filtros convolucionais e CNN também podem ser usadas para auxiliar na identificação mineralógica e na classificação do tipo de rocha[13], conforme o exemplo

10. V. Hébert *et al.*, "Digital Core Repository Coupled with Machine Learning as a Tool to Classify and Assess Petrophysical Rock Properties", *E3S Web Conference*, vol. 146, 2020.
11. *Idem*; O. Sudakov, E. Burnaev e D. Koroteev, "Driving Digital Rock Towards Machine Learning: Predicting Permeability with Gradient Boosting and Deep Neural Networks", *Computers & Geosciences*, vol. 127, pp. 91-98, June 2019.
12. S. Karimpouli e P. Tahmasebi, "Segmentation of Digital Rock Images Using Deep Convolutional Autoencoder Networks", *Computers & Geosciences*, vol. 126, pp. 142-150, Feb. 2019.
13. S. Budennyy *et al.* "Image Processing and Machine Learning Approaches for Petrographic Thin Section Analysis", *Society of Petroleum Engineers – SPE Russian Petroleum Technology Conference 2017*, Moscow, Oct. 2017; R.A. Rubo, C.C. Carneiro, M.F. Michelon e R.S. Gioria, "Digital Petrography:

da figura 2. A aplicação de inteligência artificial em dados de tomografia e lâminas petrográficas agilizam a identificação de propriedades mineralógicas, geométricas e morfológicas, bem como diminuem subjetividades interpretativas, tornando as análises dessas informações muito mais eficientes.

Figura 2. *Machine Learning* x *Sensor* QEMSCAM

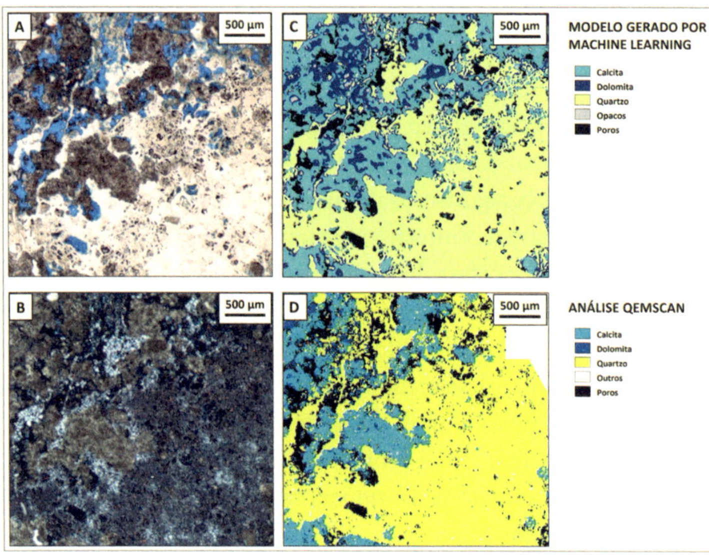

Imagens de uma seção de lâmina delgada mostrando a comparação entre um modelo obtido por *machine learning* e uma varredura química pelo sensor QEMSCAM. A. Imagem petrográfica adquirida com polarizadores não cruzados; B. Imagem petrográfica adquirida com polarizadores cruzados; C. Imagem segmentada obtida por um modelo de *machine learning* mineralógico; D. Composição QEMSCAM interpretada da microanálise química[14].

Escala de Poço

As propriedades petrofísicas e as composições químicas e mineralógicas obtidas a partir das amostras de rochas podem ser induzidas à transferência de escala, tendo em vista a integração com dados de perfilagem de poços. Modelos de *machine learning* são capazes de agregar a informação das rochas aos perfis de poço, propiciando melhor caracterização mineralógica e

Mineralogy and Porosity Identification Using Machine Learning Algorithms in Petrographic Thin Section Images", *Journal of Petroleum Science and Enginnering*, vol. 183, Dec. 2019.

14. *Idem*.

petrofísica à escala de poço. Incertezas quanto à transferência de escala dessas informações tendem a ser minimizadas. As bases de dados em escala de poço normalmente são constituídas por uma planilha onde cada coluna é uma variável e cada linha é um ponto amostrado. Os algoritmos mais utilizados atualmente nestas bases são redes neurais artificiais em camadas, como a Multilayer Perceptron, ou algoritmos que utilizam árvores de decisão, como o Random Forest ou Gradient Boosting. Já as propriedades petrofísicas mais utilizadas são porosidade, permeabilidade e saturação de água[15]. As análises de FRX e DRX podem ser usadas em conjunto com dados de perfis geoquímicos para estimar a mineralogia em escala de poço[16].

Em relação aos dados adquiridos em escala de poço, a principal fonte de informação são os levantamentos de perfilagem de poços. Diversas ferramentas fazem leituras de propriedades físico-químicas das rochas, utilizadas na avaliação de formações para estimar porosidade, saturação de água, permeabilidade, entre outras. As ferramentas de perfilagem fazem uma leitura com alta densidade de amostragem dessas propriedades. Essas aquisições abrangem todo o poço, diminuindo o viés de amostragem das bases de dados geradas a partir dessas informações. Na caracterização de reservatórios, o ideal é que os perfis sejam calibrados com dados provenientes das amostras de rocha, para então serem utilizados juntamente com outras informações que irão compor o modelo geológico.

Além da utilização em conjunto com amostras de rocha, conforme discutido anteriormente, algoritmos baseados em aprendizado supervisionado e não supervisionado podem ser utilizados em dados de perfis para realizar uma classificação litológica automática. Em aprendizagem supervisionada, normalmente o objetivo é o de propagar fácies identificadas em amostras late

15. N.I. Al-Bulushi, P.R. King, M.J. Blunt e M. Kraaijveld, "Artificial Neural Networks Workflow and Its Application in the Petroleum Industry", *Neural Computing and Applications*, vol. 21, pp. 409-421, Apr. 2012; Gharib M. Hamada, E. Ahmed e N. Chaw, "Artificial Neural Network (ANN) Prediction of Porosity and Water Saturation of Shaly Sandstone Reservoirs", *Advances in Applied Science Research*, vol. 9, n. 2, pp. 26-31, 2018; K. Aminian, S. Ameri, A. Oyerokun e B. Thomas, "Prediction of Flow Units and Permeability Using Artificial Neural Networks", *SPE Western Regional/AAPG Pacific Section Joint Meeting*, Long Beach, CA, USA, May 2003; A.K. Verma *et al.*, "Porosity and Permeability Estimation Using Neural Network Approach from Well Log Data", *GeoConvention Vision Conference 2012*, Calgary, AB, Canada, May 2012.
16. L.A.B. Oliveira *et al.*, "Stepped Machine Learning for the Development of Mineral Models: Concepts and Applications in the Pre-Salt Reservoir Carbonate Rocks", *Energy AI*, vol. 3, Mar. 2021.

rais ou em testemunhos para as eletrofácies do poço onde elas foram coletadas ou poços correlatos[17]. Em aprendizagem não supervisionada, as diferentes características dos perfis são agrupadas em eletrofácies, que podem representar litotipos distintos[18] e que depois podem ser propagadas para o modelo geológico, reduzindo incertezas comuns à transferência de escala.

Quando diversos perfis são coletados em um mesmo poço, algoritmos de *machine learning* possibilitam o desenvolvimento de modelos preditivos para um ou mais perfis. Esses modelos podem ser utilizados para imputar dados ausentes em regiões do poço, seja por falhas durante a aquisição ou mesmo devido a ruídos comuns ao perfil[19]. Essa aplicação pode ser expandida para a substituição completa de ferramentas de perfilagem. Trata-se do desenvolvimento de perfis sintéticos a partir de modelos gerados por *machine learning*[20] (figura 3), que propiciam eficiência e eficácia na aquisição de dados de perfis de poços.

A maior parte dos trabalhos que aplicam algoritmos de *machine learning* em perfis de poços realizam abordagens ponto a ponto. Nesse formato, cada leitura a partir das ferramentas de perfilagem é tratada de forma individual,

17. P. Bestagini, V. Lipari e S. Tubaro, "A Machine Learning Approach to Facies Classification Using Well Logs", *SEG Expanded Abstracts 2017 Technical* Program, Houston, Sep. 2017; T. Hoeink e C. Zambrano, "Shale Discrimination with Machine Learning Methods", *51st US Rock Mechanics/Geomechanics Symposium*, San Francisco, June 2017; M. Guarido, "Machine Learning in Geoscience: Facies Classification with Features Engineering, Clustering, and Gradient Boosting Trees", *CREWES Research Report*, vol. 30, pp. 1-23, 2018.
18. J. Asfahani, Z. Ahmad e A.G. Baradar, "Self-Organizing Map Neural Networks Approach for Lithologic Interpretation of Nuclear and Electrical Well Logs in Basaltic Environment, Southern Syria", *Applied Radiation and Isotopes*, vol. 137, pp. 50-55, July 2018; S. Ye e P. Rabiller, "Automated Electrofacies Ordering", *Petrophysics*, vol. 46, n. 6, pp. 409-423, 2005; M. C. Kuroda, A. C. Vidal, E. P. Leite e R. D. Drummond, "Electrofacies Characterization Using Self-Organizing Maps", *Revista Brasileira de Geofísica*, vol. 30, n. 3, pp. 287-299, set. 2012.
19. R. Akkurt *et al.*, "Accelerating and Enhancing Petrophysical Analysis with Machine Learning: A Case Study of an Automated System for Well Log Outlier Detection and Reconstruction", *SPWLA 59th Annual Logging Symposium 2018*, London, June 2018; F. Bahrpeyma, B. Golchin e C. Cranganu, "Fast Fuzzy Modeling Method to Estimate Missing Logsin Hydrocarbon Reservoirs", *Journal of Petroleum Science and Enginnering*, vol. 112, pp. 310-321, 2013; L. Rolon *et al.*, "Using Artificial Neural Networks to Generate Synthetic Well Logs", *Journal of Natural Gas Science Engineering*, vol. 1, pp. 118-133, Nov. 2009.
20. L.A.B. Oliveira e C. C. Carneiro, "Synthetic Geochemical Well Logs Generation Using Ensemble Machine Learning Technics for the Brazilian Pre-Salt Reservoirs", *Journal of Petroleum Science and Enginnering*, vol. 196, Jan. 2021.

geralmente desprezando relações de vizinhança entre as diferentes profundidades. Entretanto, é possível que CNN ou recorrentes possam promover a expansão das aplicações de inteligência artificial em dados de perfilagem de poços. O uso de tecnologias comuns em análises de séries temporais, tais como o algoritmo Dynamic Time Warping (DTW), poderá auxiliar na avaliação da similaridade entre poços. Essa abordagem colabora com o desenvolvimento de métricas para seleção da informação mais adequada ao treinamento das redes e auxilia na otimização do aprendizado relacionado às experiências pregressas.

Figura 3. Comparação entre Perfis Reais e Sintéticos

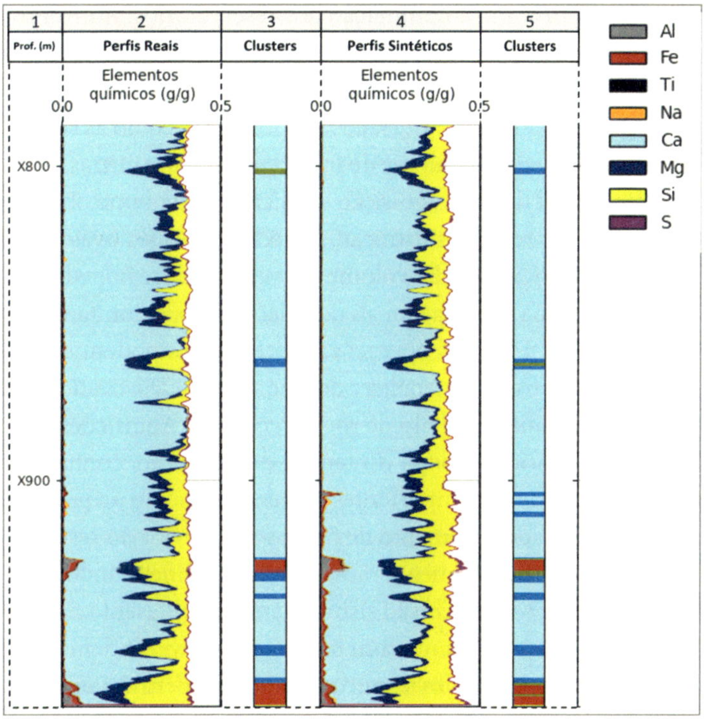

Plotagens (colunas 2 e 4) representando a comparação entre os perfis reais e sintéticos obtidos a partir do algoritmo AdaBoost. As curvas são plotadas cumulativamente da esquerda para a direita, e mostram a proporção entre os elementos. Observa-se uma correspondência evidente, sendo respeitadas as tendências gerais, confirmadas pelos resultados do agrupamento aglomerativo (faixas 3 e 5), criado para simular uma interpretação geológica. As verdadeiras profundidades foram omitidas devido às políticas de confidencialidade[21].

21. Modificado a partir de L.A.B. Oliveira e C. C. Carneiro, "Synthetic Geochemical Well Logs Generation Using Ensemble Machine Learning Technics for the Brazilian Pre-Salt Reservoirs".

Escala de Reservatório

Quando se trata da escala de reservatório, uma das principais fontes de informação é a aquisição de dados sísmicos. Uma fonte de energia controlada, como uma explosão de dinamite ou uma bomba de ar, emite ondas sísmicas que viajam pela subsuperfície. Em superfícies com contraste de impedância entre duas rochas, parte da energia é refletida de volta para a superfície e lida por receptores em superfície. A riqueza azimutal da aquisição sísmica, variando entre *narrow-azimuth* (NAZ), *multi-azimuth* (MAZ), *wide-azimuth* (WAZ), *rich-azimuth* (RAZ) e *full-azimuth* (FAZ), será fator decisivo à melhora da razão sinal-ruído, bem como à iluminação dos reservatórios. A inversão sísmica é desenvolvida tendo como base o tempo de trânsito dos emissores para os receptores, a velocidade da onda sísmica e diferentes modelos de rochas em subsuperfície. Assim, são modeladas propriedades como as superfícies de contraste de impedância, os valores de impedância, entre outras.

O produto inicial de uma aquisição sísmica é um volume obtido a partir do empilhamento das reflexões sísmicas. À medida em que novas informações são adquiridas, é possível calcular volumes de velocidades e impedâncias. Esses dados são utilizados na modelagem 3D do reservatório, delimitando seu topo, base e acamamentos. Diversas operações morfológicas podem ser utilizadas para mapear falhas e fraturas. Análises do tipo *amplitude variation with offset* (AVO) possibilitam o mapeamento de rochas com gás. Aquisições sísmicas de um mesmo reservatório ao longo do tempo de produção, conhecidas como sísmica 4D, são ferramentas importantes no gerenciamento da produção, sendo útil para mapear o deslocamento de fluidos no interior do reservatório.

Dados sísmicos são geralmente muito ruidosos, dificultando as etapas de inversão e interpretação. A inversão sísmica também apresenta diversos desafios, por se tratar de um problema com inúmeras variáveis e demandar tempo e recurso computacional. Dados sísmicos também podem abranger dezenas a centenas de quilômetros, dificultando a interpretação feita pelos especialistas simplesmente pela quantidade de informações disponíveis. A calibração da sísmica com dados de poço também configura uma grande fonte de incertezas, uma vez que as diferenças nas escalas podem gerar complexidades adicionais à transferência de escala.

As principais aplicações de *machine learning* e *deep learning* em sísmica ocorrem, sobretudo, na inversão e na interpretação desses dados. Métodos híbridos de inversão combinam a modelagem física da inversão sísmica com a capacidade de redução de dimensionalidade de CNN, como os *autoencoders*, para realizar uma inversão menos parametrizada e muito mais rápida[22]. Dados sísmicos sintéticos gerados por modelagem *forward*, onde as sequências estratigráficas obtidas por perfilagem de poços subsidiam o treinamento dos modelos, podem ser usados como entrada dessas CNN para adicionar feições geológicas às inversões[23]. CNN em estruturas de *generative adversarial networks* (GAN) também podem ser usadas para a inversão e até mesmo para melhorar a resolução de volumes sísmicos[24].

Na interpretação sísmica, algoritmos de inteligência artificial são utilizados para auxiliar os especialistas durante uma interpretação convencional. Algoritmos de redução de dimensionalidade e clusterização como o *Self-Organizing Maps* (SOM) podem ser usados para agrupar feições sísmicas[25]. Por se tratar de uma abordagem não supervisionada, essas técnicas não irão classificar as diferentes feições, mas auxiliam no agrupamento da informação para guiar a interpretação geológica. Caso existam dados rotulados suficientes, CNN podem ser usadas para identificar feições específicas, como falhas e fraturas[26]. Outra abordagem supervisionada é a utilização de CNN treinadas utilizando informações de fácies obtidas em perfis de poços, propagando essas informações no volume sísmico[27]. Essa abordagem é particularmente interessante por diminuir incertezas relacionadas à transferência de escala.

22. Y. Chen e G. T. Schuster, "Seismic Inversion by Newtonian Machine Learning", *Geophysics*, vol. 85, n. 4, pp. 185-200, July 2020; Y. Chen e E. Saygin, "Seismic Inversion by Hybrid Machine Learning", *arXiv*, Sep. 2020.
23. Y. Zheng, Q. Zhang, A. Yusifov e Y. Shi, "Applications of Supervised Deep Learning for Seismic Interpretation and Inversion", *The Leading Edge*, vol. 38, n. 7, pp. 526-533, July 2019.
24. F. Picetti, V. Lipari, P. Bestagini e S. Tubaro, "Seismic Image Processing Through the Generative Adversarial Network", *Interpretation*, vol. 7, n. 3, pp. 15-26, Aug. 2019.
25. H. Kun Du, J. Xing Cao, Y. J. Xue e X. Jian Wang, "Seismic Facies Analysis Based on Self-Organizing Map and Empirical Mode Decomposition", *Journal of Applied Geophysics*, vol. 112, pp. 52-61, Jan. 2015; M. C. Matos, P.L.M. Osorio e P.R.S. Johann, "Unsupervised Seismic Facies Analysis Using Wavelet Transform and Self-Organizing Maps", *Geophysics*, vol. 72, n. 1, pp. 9-21, Jan. 2007.
26. Y. Zheng, Q. Zhang, A. Yusifov e Y. Shi, "Applications of Supervised Deep Learning for Seismic Interpretation and Inversion".
27. M. Liu, M. Jervis, W. Li e P. Nivlet, "Seismic Facies Classification Using Supervised Convolutional Neural Networks and Semisupervised Generative Adversarial Networks", *Geophysics*, vol. 85, n. 4, pp. 47-58, July 2020.

Uma abordagem interessante em interpretação sísmica é a utilização de CNN em estruturas GAN na parametrização de modelos geológicos[28]. Essas redes são capazes de gerar diversos modelos geologicamente coerentes a partir de dados sísmicos. Caso existam dados de poço disponíveis, eles podem ser incluídos no modelo. Essa técnica é capaz de fornecer diferentes cenários de interpretação geológica aos especialistas, otimizando uma tarefa que poderia ser muito demorada e custosa.

Engenharia de Reservatórios

As informações obtidas em diferentes escalas, tais como poro, poço e reservatório são utilizadas na construção de um modelo geológico do reservatório. Esse modelo será usado no ajuste de histórico, em conjunto com dados dinâmicos, tais como testes de formação, e com informações de produção e/ou injeção em poços. O ajuste de histórico consiste em simular a produtividade de um reservatório até que ele se aproxime do histórico de produção de fluidos observado nos poços. Em teoria, quanto melhor a simulação consegue se ajustar aos dados de histórico, melhor ela conseguirá prever o futuro da produção. Essas informações tornam-se imprescindíveis nas tomadas de decisão realizadas durante o gerenciamento do reservatório.

Diversas técnicas utilizam modelagens numéricas e realizam otimizações para melhorar o ajuste de histórico. De maneira geral, o modelo geológico com suas respectivas fácies e propriedades petrofísicas servem como insumo inicial ao processo de otimização. A depender das incertezas impostas pelos especialistas, o simulador irá realizar modificações em algumas propriedades do modelo geológico até que o erro entre os dados de produção simulados e medidos seja mínimo. O ideal é que o modelo geológico tenha poucas alterações ao final da otimização. A geometria do reservatório e a quantidade de poços tornarão o processo de otimização mais ou menos custoso e demorado.

Algoritmos de inteligência artificial e ciência de dados podem auxiliar nos processos de simulação e otimização, tornando-os menos custosos. Redes neurais artificiais podem ser usadas para criar um *Surrogate Reservoir Model* que é capaz de representar as características do reservatório original, necessi-

28. L. Azevedo, G. Paneiro, A. Santos e A. Soares, "Generative Adversarial Network as a Stochastic Subsurface Model Reconstruction", *Computational Geosciences*, vol. 24, pp. 1673-1692, Aug. 2020.

tando de menor custo computacional para ser otimizado[29]. Estruturas *encoder-decoder* são capazes de remover ruídos do modelo geológico usado como *input* da simulação, também facilitando o processo de simulação e otimização do histórico de produção[30].

Figura 4. Mapas Auto-Organizados Mostrando Gráficos de Componentes e Matriz-U

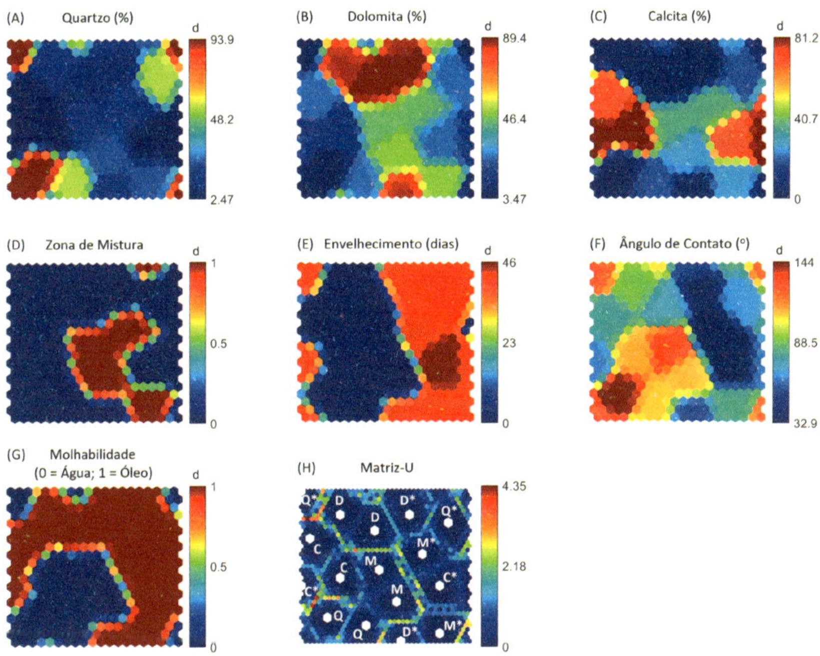

A. concentração com predomínio de calcita; B. composição mineralógica com predomínio de dolomita; C. composição mineralógica com predomínio de quartzo; D. proporções de minerais mistos; E. envelhecimento em óleo; F. ângulo de contato; G. molhabilidade em água, neutro ou óleo; e H. U-Matrix, mostrando as amostras agrupadas topologicamente com base na similaridade. Em H, as cores quentes indicam maior dissimilaridade e cores frias indicam maior semelhança. Além disso, as amostras após o processo de envelhecimento do óleo foram marcadas com um asterisco[31].

29. A. Shahkarami, S.D. Mohaghegh, V. Gholami e S.A. Haghighat, "Artificial Intelligence (AI) Assisted History Matching", *Society of Petroleum Engineers – SPE Western North American and Rocky Mountain Joint Meeting*, Denver, Apr. 2014.
30. S. Kim, B. Min, S. Kwon e M. Chu, "History Matching of a Channelized Reservoir Using a Serial Denoising Autoencoder Integrated with ES-MDA", *Geofluids*, vol. 2019, Apr. 2019.
31. *Idem*.

Alguns trabalhos propõem a utilização de algoritmos de *machine learning* para realizar diretamente o ajuste de histórico[32]. Essas metodologias utilizam principalmente os dados de produção como *input* para treinar os algoritmos, de forma que eles consigam aprender padrões e, com isso, possam prever as variações na produção. Curvas de permeabilidade relativa também podem ser preditas a partir da produção de campos com base em redes neurais artificiais[33]. Variáveis relacionadas à molhabilidade obtida em mineralogia controlada foram observadas de forma conjunta a partir de medidas laboratoriais analisadas por mapas auto-organizados[34], tais como aqueles apresentados na figura 4. Ainda existe muito a se explorar em termos de variáveis geológicas e petrofísicas, principalmente preservando relações espaciais, o que proporcionaria maior assertividade aos modelos produzidos.

Desafios

Como é possível observar, os dados utilizados na exploração, caracterização e engenharia de reservatórios de hidrocarbonetos diferem das aplicações convencionais que se utilizam do *machine learning*. A CNN AlexNet[35], que revolucionou o uso de redes neurais para a identificação de objetos, foi treinada em uma base de dados de 1,2 milhão de imagens rotuladas em mil diferentes classes. Em contraponto, as bases de dados observadas na exploração, caracterização e engenharia dos reservatórios de petróleo costumam ser desafiadoras em termos de densidade de amostragem, resolução espacial, ou possibilidade de rotulação. O treinamento, comumente, ocorre com base em poucos dados,

32. E.T. Brantson *et al.*, "Development of Machine Learning Predictive Models for History Matching Tight Gas Carbonate Reservoir Production Profiles", *Journal of Geophysics and Engineering*, vol. 15, n. 5, pp. 2235–2251, July 2018; E. Illarionov *et al.*, "3D Reservoir Model History Matching Based on Machine Learning Technology", *Society of Petroleum Engineers – SPE Russian Petroleum Technology Conference 2020*, Oct. 2020.
33. N.S. Spada, C.C. Carneiro e R.S. Gioria, "Adjustment of Relative Permeability Curves Parameters by Supervised Artificial Neural Networks", *Trabalhos Técnicos da Rio Oil & Gas 2020: Technical Papers*, dez. 2020.
34. . V. Ferrari *et al.*,"Influence of Carbonate Reservoir Mineral Heterogeneities on Contact Angle Measurements", *Journal of Petroleum Science and Engineering*, vol. 199, Apr. 2021.
35. A.A. Krizhevsky, I. Sutskever e G.E. Hinton, "ImageNet Classification with Deep Convolutional Neural Networks", *Communications of the ACM*, vol. 60, n. 6, pp. 84-90, June 2017.

com alta resolução espacial, eventualmente rotulados, porém bastante enviesados, como é o caso das amostras de rochas; ou ocorre com um grande número de dados bastante ruidosos e pouco rotulados, como é o caso da sísmica.

A expansão e integração dessas bases de dados passam por desafios como a transferência de escala das informações. Agregar a rotulação observada nas amostras de rochas para os perfis de poço e sísmica, de forma que elas possam ser usadas no modelo geológico e simulação de produção, passa por diferenças bruscas de resolução. Esse desafio é contornado por especialistas através da percepção adquirida por uma subjetiva experiência, característica que os algoritmos de inteligência artificial ainda são pouco sensíveis em compreender.

Zonas de transição mineralógica, estratigráfica e fasciológica, da mesma forma, exibem desafiadora interpretação, dadas as suas características híbridas intrínsecas. Assim, a definição de limites e bordas, bem como o agrupamento de dados em múltiplas escalas, podem trazer complexidade e incerteza aos modelos. Técnicas convencionais de aumento da base de dados, como *data augmentation*[36], podem não ser suficientes para resolver os problemas da exploração, caracterização e engenharia de reservatórios. Nesse contexto, é possível que o *transfer learning* possa se tornar uma solução viável no futuro próximo.

Futuro

Transfer learning consiste em treinar um algoritmo de *machine* ou *deep learning* em uma base de dados composta por uma quantidade grande de exemplos, e utilizar parte desse algoritmo já treinado na base de dados alvo, retreinando apenas uma parte do algoritmo[37]. Aprendizado multimodal, redes

36. C. Shorten e T. M. Khoshgoftaar, "A Survey on Image Data Augmentation for Deep Learning", *Journal of Big Data*, vol. 6, n. 60, July 2019.
37. M. Hussain, J. J. Bird e D. R. Faria, "A Study on CNN Transfer Learning for Image Classification", in *UK Workshop on Computational Intelligence*, 18th Annual UK Workshop on Computational Intelligence, Nottingham, Springs, pp. 191-202 (Advances in Computational Intelligence Systems, 840); K. Weiss, T. M. Khoshgoftaar e D. Wang, "A Survey of Transfer Learning", *Journal of Big Data*, vol. 3, n. 9, May 2016; C. Tan *et al.*, "A Survey on Deep Transfer Learning", *Artificial Neural Networks and Machine Learning – ICANN 2018*, vol. 3, Springer, 2018, pp. 270–279 (Theoretical Computer Science and General Issues; Lecture Notes in Computer Science, 11141); L. Torrey e J. Shavlik, "Transfer

multifluxo, redes com função contrastiva e redes *triplet* devem compor um arsenal de ferramentas capazes de operar em *big data* nas atividades de engenharia aliadas à indústria do petróleo.

Preservadas as garantias de segurança e confidencialidade à informação, devidamente protegida por criptografia, um consórcio entre companhias que atuam na exploração e produção de hidrocarbonetos poderia propiciar gigantescas bases de dados com informações de reservatórios do mundo todo. Essas bases auxiliariam no treinamento inicial de algoritmos de inteligência artificial. Os algoritmos, por sua vez, seriam utilizados para gerar soluções específicas a cada companhia, propiciando modelos mais ajustados retreinados a partir das bases de dados mais restritas.

A aplicação de inteligência artificial e os avanços da indústria 4.0 refletem em impactos financeiros indiretos e de médio a longo prazo para as áreas de exploração e caracterização de reservatórios. Diferentemente, nas atividades do *midstream*, *downstream* e algumas áreas do *upstream*, intervenções técnicas e operacionais podem ocasionar retornos econômicos imediatos. No curto prazo, se vislumbra uma diminuição de custos na aquisição de alguns dados, como os perfis de poços, com a geração de informações sintéticas. Outras formas de otimização seriam em custos computacionais e de hora trabalhada, uma vez que algoritmos podem auxiliar na inversão da sísmica, na otimização de ajustes de histórico, e na interpretação de dados de rocha, perfis e sísmica. A redução de ensaios e experimentos em amostras de rochas pode ser propiciada pela geração de informação sintética e ampliação de treinamento e aprendizado a partir da reunião de amplas bases de dados.

O ganho real da aplicação de inteligência artificial na exploração, caracterização e engenharia dos reservatórios de petróleo seria na capacidade de integração de diversas bases de dados. Essas bases seriam compostas por informações de diferentes escalas e resoluções, aprimorando os modelos geológicos e de simulação de produção. Adicionalmente, algoritmos treinados em diversos reservatórios conhecidos poderiam predizer características produtivas de uma área com pouquíssimas informações, melhorando o sucesso exploratório.

Learning", in E. S. Olivas *et al.*, *Handbook of Research on Machine Learning Applications and Trends: Algorithms, Methods, and Techniques*, 2 vols. Information Science Reference/IGI Global, 2009, pp. 242-264.

Devido à particularidade das bases de dados, esses reais ganhos provavelmente só serão atingidos com esforços globais e integrativos de diversas empresas de exploração e produção de hidrocarbonetos. Na era da informação, é importante que barreiras de acesso aos dados sejam superadas, de forma que toda a indústria se beneficie da aplicação da inteligência artificial em bases de dados verdadeiramente representativas. Essas iniciativas podem ser desenvolvidas a partir de consórcios que garantam a proteção da informação a partir de criptografia e segurança aos dados fornecidos. Enquanto as máquinas não tiverem o nível de abstração humana, é necessário que a maior quantidade de informações seja utilizada para que os especialistas possam extrair o maior proveito das funcionalidades do *machine learning* e *deep learning*.

Juntamente com esses esforços, é necessário que a indústria de exploração e produção de hidrocarbonetos incentive as universidades e centros de pesquisa a desenvolverem profissionais capazes de lidar com os problemas do futuro. Cursos de graduação deverão ser multidisciplinares, onde um mesmo profissional desenvolva conhecimentos de engenharia do petróleo, geociências e computação. Esse novo perfil é necessário para preparar a indústria de óleo e gás para as transformações necessárias à indústria 4.0.

A conscientização ambiental causada pelas mudanças climáticas aponta a uma matriz energética menos dependente dos combustíveis fósseis. Ainda assim, haverá necessidades específicas por insumos provenientes dos reservatórios de óleo e gás natural. Em um cenário onde o avanço das energias limpas na matriz energética caminha em paralelo com a necessidade de redução das emissões de gás carbônico, a utilização dos combustíveis fósseis deverá ser cada vez mais restrita. Caberá ao esforço conjunto das companhias de exploração e produção de hidrocarbonetos e das instituições de educação e pesquisa científica relacionadas às engenharias evoluir a indústria de óleo e gás para a nova era. A estas entidades cabe utilizar os avanços de inteligência artificial para aumentar a eficiência dos seus projetos em um mundo cada vez mais consciente.

Agradecimentos

Os autores agradecem à Escola Politécnica da Universidade de São Paulo, aos Programas de Pós-Graduação em Engenharia Naval e Oceânica (PPGEN) e

Engenharia Mineral (PPGEMIN) pelo suporte institucional. À Petrobras pela parceria em projetos que embasaram muitas das discussões aqui trazidas. À Agência Nacional do Petróleo, Gás Natural e Biocombustíveis (ANP) pela concessão de dados vinculados aos projetos de PD&I relacionados ao grupo de pesquisa *Integrated Technology for Rock and Fluid Analysis* (INTRA) e Laboratório de Caracterização Tecnológica (LCT), aos quais os autores integram e desenvolvem pesquisas em parceria.

REFERÊNCIAS

AKKURT, Ridvan *et al.* "Accelerating and Enhancing Petrophysical Analysis with Machine Learning: A Case Study of an Automated System for Well Log Outlier Detection and Reconstruction". *SPWLA 59th Annual Logging Symposium 2018*, London, June 2018.

AL-BULUSHI, Nabil; KING, Peter Robert; BLUNT, Martin J. & KRAAIJVELD, Martin. "Artificial Neural Networks Workflow and Its Application in the Petroleum Industry". *Neural Computing and Applications*, vol. 21, pp. 409-421, Apr. 2012.

AMINIAN, Kamiar; AMERI, Samuel; OYEROKUN, Ademola & THOMAS, Ben. "Prediction of Flow Units and Permeability Using Artificial Neural Networks". *SPE Western Regional/AAPG Pacific Section Joint Meeting*, Long Beach, CA, May 2003.

ASFAHANI, Jamal; AHMAD, Zulfequar & BARADAR, Abdul Ghani. "Self-Organizing Map Neural Networks Approach for Lithologic Interpretation of Nuclear and Electrical Well Logs in Basaltic Environment, Southern Syria". *Applied Radiation and Isotopes*, vol. 137, pp. 50-55, July 2018.

AZEVEDO, Leonardo; PANEIRO, Gustavo; SANTOS, Arthur & SOARES, Amilcar. "Generative Adversarial Network as a Stochastic Subsurface Model Reconstruction". *Computational Geosciences*, vol. 24, pp. 1673-1692, Aug. 2020.

BAHRPEYMA, Fouad; GOLCHIN, Bahman & CRANGANU, Constantin. "Fast Fuzzy Modeling Method to Estimate Missing Logsin Hydrocarbon Reservoirs". *Journal of Petroleum Science and Enginnering*, vol. 112, pp. 310-321, 2013.

BELLO, Oladele *et al.* "Next Generation Downhole Big Data Platform for Dynamic Data-Driven Well and Reservoir Management". *SPE Reservoir Characterisation and Simulation Conference and Exhibition 2017*. Abu Dhabi, UAE, pp. 884-921, May 2017.

BESTAGINI, Paolo; LIPARI, Vincenzo & TUBARO, Stefano. "A Machine Learning Approach to Facies Classification Using Well Logs". *SEG Expanded Abstracts 2017 Technical Program*, Houston, Sep. 2017.

BOUSSO, Raphael. "BP's Oil Exploration Team Swept Aside in Climate Revolution". *Reuters*, 24 Jan. 2021.

Brantson, Eric Thompson *et al.* "Development of Machine Learning Predictive Models for History Matching Tight Gas Carbonate Reservoir Production Profiles". *Journal of Geophysics and Engineering*, vol. 15, n. 5, pp. 2235–2251, July 2018.

Budennyy, Semen *et al.* "Image Processing and Machine Learning Approaches for Petrographic Thin Section Analysis". *Society of Petroleum Engineers – spe Russian Petroleum Technology Conference 2017*, Moscow, Oct. 2017.

Chan, Shing & Elsheikh, Ahmed H. "Parametrization and Generation of Geological Models with Ggenerative Adversarial Networks". *arXiv*, Aug. 2017.

Chen, Yuqing & Saygin, Erdinc. "Seismic Inversion by Hybrid Machine Learning". *arXiv*, Sep. 2020.

______ & Schuster, Gerard Thomas. "Seismic Inversion by Newtonian Machine Learning". *Geophysics*, vol. 85, n. 4, pp. 185-200, July 2020.

DePersio, Greg. "Why Did Oil and Natural Gas Prices Plummet in 2014?". *Investopedia*, 2019.

Du, Hao Kun; Cao, Jun Xing; Xue, Ya Juan & Wang, Xing Jian. "Seismic Facies Analysis Based on Self-Organizing Map and Empirical Mode Decomposition". *Journal of Applied Geophysics*, vol. 112, pp. 52-61, Jan. 2015.

Ferrari, Jean Vicente *et al.* "Influence of Carbonate Reservoir Mineral Heterogeneities on Contact Angle Measurements". *Journal of Petroleum Science and Engineering*, vol. 199, Apr. 2021.

Guarido, Marcelo. "Machine Learning in Geoscience: Facies Classification with Features Engineering, Clustering, and Gradient Boosting Trees". *crewes Research Report*, vol. 30, pp. 1-23, 2018.

Hamada, Gharib M. Ahmed, Elsakka & Chaw, Nyein "Artificial Neural Network (ann) Prediction of Porosity and Water Saturation of Shaly Sandstone Reservoirs". *Advances in Applied Science Research*, vol. 9, n. 2, pp. 26-31, 2018.

Hébert, Vanessa *et al.* "Digital Core Repository Coupled with Machine Learning as a Tool to Classify and Assess Petrophysical Rock Properties", *E3S Web Conference*, vol. 146, 2020.

Höeink, Tobias & Zambrano, Carolina. "Shale Discrimination with Machine Learning Methods". *51st us Rock Mechanics/Geomechanics Symposium*, San Francisco, June 2017.

Hussain, Mahbub; Bird, Jordan J. & Faria, Diego R. "A Study on cnn Transfer Learning for Image Classification". *In: uk Workshop on Computational Intelligence*, 18th Annual uk Workshop on Computational Intelligence. Nottingham, Springs, pp. 191-202 (Advances in Computational Intelligence Systems, 840).

Illarionov, Egor *et al.* "3d Reservoir Model History Matching Based on Machine Learning Technology". *Society of Petroleum Engineers – spe Russian Petroleum Technology Conference 2020*, Oct. 2020.

Kane Gerald C. *et al.* "Strategy, Not Technology, Drives Digital Transformation: Becoming a Digitally Mature Enterprise". *mit Sloan Management Review*, summer 2015.

KARIMPOULI, Sadegh & TAHMASEBI, Pejman. "Segmentation of Digital Rock Images Using Deep Convolutional Autoencoder Networks". *Computers & Geosciences*, vol. 126, pp. 142-150, Feb. 2019.

KIM, Sungil; MIN, Baehyun; KWON, Seoyoon & CHU, Mingon. "History Matching of a Channelized Reservoir Using a Serial Denoising Autoencoder Integrated with ES-MDA". *Geofluids*, vol. 2019, Apr. 2019.

KRIZHEVSKY, Alex A.; SUTSKEVER, Ilya & HINTON, Geoffrey E. "ImageNet Classification with Deep Convolutional Neural Networks". *Communications of the ACM*, vol. 60, n. 6, pp. 84-90, June 2017.

KURODA, Michelle Chaves; VIDAL, Alexandre Campane; LEITE, Emilson Pereira & DRUMMOND, Rodrigo Duarte. "Electrofacies Characterization Using Self-Organizing Maps". *Revista Brasileira de Geofísica*, vol. 30, n. 3, pp. 287-299, set. 2012.

LASI, Heiner *et al.* "Industry 4.0". *Business & Information Systems Engineering*, vol. 6, n. 4, pp. 239-242, 19 jun. 2014.

LIU, Mingliang; JERVIS, Michael; LI, Weichang & NIVLET, Philippe. "Seismic Facies Classification Using Supervised Convolutional Neural Networks and Semisupervised Generative Adversarial Networks". *Geophysics*, vol. 85, n. 4, pp. 47-58, July 2020.

LU, Hongfang; GUO, Lijun; AZIMI, Mohammadamin & HUANG, Kun. "Oil and Gas 4.0 Era: A Systematic Review and Outlook". *Computers in Industry*, vol. 111, pp. 68-90, 2019.

MATOS, Marcílio Castro de; OSORIO, Paulo Léo & JOHANN, Paulo Roberto. "Unsupervised Seismic Facies Analysis Using Wavelet Transform and Self-Organizing Maps". *Geophysics*, vol. 72, n. 1, pp. 9-21, Jan. 2007.

OLIVEIRA, Lucas Abreu Blanes de *et al.* "Stepped Machine Learning for the Development of Mineral Models: Concepts and Applications in the Pre-Salt Reservoir Carbonate Rocks", *Energy AI*, vol. 3, Mar. 2021.

______ & CARNEIRO, Cleyton de Carvalho. "Synthetic Geochemical Well Logs Generation Using Ensemble Machine Learning Technics for the Brazilian Pre-Salt Reservoirs". *Journal of Petroleum Science and Enginnering*, vol. 196, jan. 2021.

PICETTI, Francesco; LIPARI, Vincenzo; BESTAGINI, Paolo & TUBARO, Stefano. "Seismic Image Processing Through the Generative Adversarial Network". *Interpretation*, vol. 7, n. 3, pp. 15-26, Aug. 2019.

ROLON, Luisa *et al.* "Using Artificial Neural Networks to Generate Synthetic Well Logs". *Journal of Natural Gas Science Engineering*, vol. 1, n. 4-5, pp. 118-133, Nov. 2009.

RUBO, Rafael Andrello; CARNEIRO, Cleyton de Carvalho; MICHELON, Mateus Fontana & GIORIA, Rafael dos Santos. "Digital Petrography: Mineralogy and Porosity Identification Using Machine Learning Algorithms in Petrographic Thin Section Images". *Journal of Petroleum Science and Enginnering*, vol. 183, Dec. 2019.

SHAHKARAMI, Alireza; MOHAGHEGH, Shahab D.; GHOLAMI, Vida & HAGHIGHAT, Sayed Alireza. "Artificial Intelligence (AI) Assisted History Matching". *Society of Petroleum Engineers – SPE Western North American and Rocky Mountain Joint Meeting*, Denver, Apr. 2014.

SHORTEN, Connor & KHOSHGOFTAAR, Taghi M. "A Survey on Image Data Augmentation for Deep Learning". *Journal of Big Data*, vol. 6, n. 60, July 2019.

SPADA, Nathália Seiler; CARNEIRO, Cleyton de Carvalho & GIORIA, Rafael dos Santos. "Adjustment of Relative Permeability Curves Parameters by Supervised Artificial Neural Networks". *Trabalhos Técnicos da Rio Oil & Gas 2020: Technical Papers*, dez. 2020.

SUDAKOV, Olev; BURNAEV, Evgeny & KOROTEEV, Dmitry. "Driving Digital Rock Towards Machine Learning: Predicting Permeability with Gradient Boosting and Deep Neural Networks". *Computers & Geosciences*, vol. 127, pp. 91-98, June 2019.

TAN, Chuanqi *et al.* "A Survey on Deep Transfer Learning". *Artificial Neural Networks and Machine Learning – ICANN 2018*, vol. 3, Springer, 2018, pp. 270–279 (Theoretical Computer Science and General Issues; Lecture Notes in Computer Science, 11141).

TORREY, Lisa & SHAVLIK, Jude. "Transfer Learning". *In:* OLIVAS, Emilio Soria *et al.* (eds). *Handbook of Research on Machine Learning Applications and Trends: Algorithms, Methods, and Techniques*, 2 vols. Information Science Reference/IGI Global, 2009, pp. 242-264.

VERMA, Akhilesh K. *et al.* "Porosity and Permeability Estimation Using Neural Network Approach from Well Log Data". *GeoConvention Vision Conference 2012*, Calgary, AB, May 2012.

WEISS, Karl; KHOSHGOFTAAR, Taghi M. & WANG, DingDing. "A Survey of Transfer Learning". *Journal of Big Data*, vol. 3, n. 9, May 2016.

YE, Shin Ju & RABILLER, Philippe. "Automated Electrofacies Ordering". *Petrophysics*, vol. 46, n. 6, pp. 409-423, 2005.

ZABALZA-MEZGHANI, Isabelle; MANCEAU, Emmanuel; FERAILLE, Mathieu & JOURDAN, Astrid. "Uncertainty Management: From Geological Scenarios to Production Scheme Optimization". *Journal of Petroleum Science and Engeneering*, n. 44, pp. 11-25, 2004.

ZHENG, York; ZHANG, Qie; YUSIFOV, Anar & SHI, Yunzhi. "Applications of Supervised Deep Learning for Seismic Interpretation and Inversion". *The Leading Edge*, vol. 38, n. 7, pp. 526-533, July 2019.

CAPÍTULO 3

Mineração, Inovação e Desenvolvimento

Fernando A. Freitas Lins e Laurindo de Salles Leal Filho

INTRODUÇÃO

Da pré-história à atualidade, sociedades humanas sempre demandaram estruturas, meios de transporte, utensílios, dispositivos e insumos para satisfação de suas necessidades e, em última análise, todos os recursos utilizados para produção desses bens se originam da crosta terrestre. Alguns deles, por serem renováveis, sempre estarão disponíveis caso sejam adequadamente geridos, como é o caso dos produtos da extração vegetal, agricultura, pecuária e pesca. Recursos minerais, todavia, por não permitir uma segunda safra, demandam extração e consumo responsáveis a fim de sustentar o progresso material da sociedade.

A mineração é a atividade industrial que prospecta, encontra e caracteriza depósitos minerais que são posteriormente extraídos da crosta e submetidos a um processo de beneficiamento. Isso visa a geração de produtos minerais cujas características físicas, químicas e/ou tecnológicas satisfazem a especificações de uso direto pela indústria de construção civil ou as postas pela indústria metalúrgica, de fabricação de não metálicos e química, que deles fazem uso para a manufatura de produtos de maior valor agregado, dentro de suas respectivas cadeias produtivas[1].

1. W.J. Rankin, *Minerals, Metals and Sustainability: Meeting Future Material Needs*, Leiden, CRC Press/

Este capítulo cobre os seguintes tópicos: a importância da mineração para o desenvolvimento e os eventuais problemas dela advindos; principais desafios deste século vinculados a tal atividade econômica; oportunidades de inovação que se apresentam para a indústria mineral; um panorama da pesquisa, desenvolvimento e inovação (PD&I) na mineração e as iniciativas governamentais e empresariais para o fomento da inovação e desenvolvimento da indústria mineral brasileira; e as considerações finais.

Mineração e Desenvolvimento

Empreendimentos mineiros são capazes de promover o desenvolvimento regional através da geração de empregos, pagamento de tributos e *royalties*, além de demandar materiais e serviços que, em cascata, suportam extenso arranjo produtivo local, envolvendo um amplo espectro de fornecedores que dinamiza a economia.

A importância do setor mineral para o Brasil se espelha numa participação de 3% do Produto Interno Bruto (PIB) nacional que, em 2019, teve contribuição de 1% oriunda de atividades de lavra e beneficiamento; 1,2% devidos à metalurgia (aço, ferroligas, não ferrosos) e 0,6% pela fabricação de não metálicos (cimento, vidro e cerâmicas). A mineração responde por mais de 20% das exportações, onde se destaca o minério de ferro (*sinter feed* e *pellet feed*), atrás apenas do setor agropecuário. Todavia, três problemas extrapolam o âmbito local ou regional dos empreendimentos mineiros: a doença holandesa (*dutch desease*), o esvaziamento econômico após exaustão das reservas e a depressão cíclica no preço de commodities minerais.

Nos anos 1980, a produção em larga escala dos campos de petróleo do Mar do Norte e sua consequente exportação trouxe à Holanda considerável afluxo de dólares, causando uma indesejável apreciação da moeda local (florim) e consequente perda de competitividade do setor secundário e terciário de sua economia. Neste caso, a abundância de recursos naturais constituiu entrave e não motor do desenvolvimento econômico, motivando os economistas a cunharem o termo *dutch desease*. Já no século XXI, para administrar

Balkema, 2011, pp. 5-24; I.F. Machado, *Recursos Minerais: Política e Sociedade*, São Paulo, Edgard Blücher, 1989.

esse impacto indesejado, a Noruega soube criar políticas de proteção à sua indústria (*sovereign wealth funds*), sem deixar de extrair e usufruir de seus abundantes recursos naturais (óleo e gás) não renováveis[2].

O esvaziamento econômico de uma região após seus recursos minerais terem sido exauridos constitui outro sério impacto causado pela mineração cuja mitigação não é trivial[3]. Como exemplo, podemos citar o notável progresso trazido a Minas Gerais pela extração do ouro na primeira metade do século XVIII, ainda no Brasil colonial. A exaustão das jazidas, todavia, acarretou em deplorável estagnação econômica que perdurou por quase cem anos. Outras regiões do mundo, diferentemente, souberam superar semelhante desfecho causado pela exaustão de recursos minerais, visto que a mineração constituiu apenas uma etapa inicial de acumulação de capital e, potencializada por geração de conhecimento, empreendedorismo e inovação, alavancou outros nichos de atividade industrial que sustentaram o progresso econômico regional.

Assim, poderíamos citar o Vale do Ruhr (Alemanha), onde a extração mineral fomentou a fabricação local de aço e este, por sua vez, catalisou a instalação de um diversificado parque industrial. Mais recentemente, temos o exemplo da Finlândia, que, na segunda metade do século XX, evoluiu de mera produtora de bens minerais (e outras commodities, como celulose) para um admirável protagonismo não somente na fabricação de equipamentos, mas também na oferta e implantação de elaborados sistemas de instrumentação, controle e automação de processos. Outro exemplo digno de menção é a Austrália, que continua na vanguarda da produção mineral, mas também se tornou importante protagonista como provedora e exportadora de serviços de alta tecnologia para o setor mineral, um exemplo a ser seguido pelo Brasil.

Aprendendo com erros e acertos, podemos concluir que a impactante estagnação econômica da Província de Minas Gerais após exaustão do ouro aluvionar difere do notável progresso do Vale do Ruhr, mesmo após o declínio da mineração de carvão, pela maneira como se soube utilizar os recursos econômicos trazidos pela mineração para financiar não somente consumo e mecenato, mas também acúmulo de experiência técnica e gerencial que propicia empreendedorismo, inovação e, em última instância, desenvolvimento.

2. L.C. Bresser-Pereira, N. Marconi e J.L. Oreiro, "Dutch Desease", em L.C. Bresser-Pereira, *Structuralist Development Macroeconomics*, London, Routledge, 2020.
3. I.F. Machado, *Recursos Minerais: Política e Sociedade*.

Na segunda metade do século XX, Minas Gerais avançou na industrialização a partir de seus recursos minerais, com siderurgias, indústria automobilística, entre outras iniciativas, caminho este que o estado do Pará, que se tornou o principal produtor mineral do país em 2019 (ultrapassando Minas Gerais), procura ainda formatar e percorrer. Atualmente, os principais municípios mineradores de Minas Gerais e de outros estados debatem as estratégias para a diversificação econômica após a exaustão das minas em operação.

O terceiro problema, o valor das ações de empresas mineradoras e, consequentemente, sua saúde financeira e capacidade de investimento, sofre com variações cíclicas nos preços de seus produtos que, por sua vez, influenciam o balanço de pagamentos e desempenho econômico de um país[4]. Por ser dependente das leis de mercado, a instabilidade dos preços das commodities minerais constitui um reflexo da conjuntura econômica, política e social do planeta naquele intervalo de tempo. Se tomarmos como base o final da Segunda Guerra Mundial e seguirmos até os dias atuais, podemos identificar quatro ciclos distintos, sumarizados na tabela 1. Quanto mais dependente da exportação de commodities minerais a economia de um país/região for, mais vulnerável estará ela ao impacto negativo dessas variações cíclicas.

Tabela 1. Ciclos de Preço de Commodities Minerais x Conjuntura Internacional

Ciclos	Tendência	Conjuntura Internacional
1945-1973	Crescimento	Reconstrução da infraestrutura destruída pela guerra. Aumento no padrão de vida das classes trabalhadoras do Primeiro Mundo.
1973-2000	Acomodação	A primeira crise do petróleo (1973) trouxe grandes desafios para a economia mundial, acarretando mudança de paradigma: bens de consumo passaram a ser produzidos gastando-se menos massa e energia. A consciência ambiental levou à necessidade de implantar amplos programas de reciclagem. Tradicionais arranjos produtivos foram profundamente simplificados pela reengenharia. O advento da internet, globalização e ocaso da Guerra Fria completam tal cenário.

4. L.A. Silva Filho e M.P. Cunha, "Preço Internacional das *Commodities* e Impactos na Atividade Econômica Brasileira: Simulações por Equilíbrio Geral Computável", *Revista Espacios*, vol. 37, n. 30, pp. 29-35, 2016.

2000-2011	Crescimento	Advento econômico e geopolítico da China alavancou o consumo e o preço de commodities minerais.
Desde 2012	Acomodação	Diminuição da taxa de crescimento da economia chinesa provocou retração de preços, desvalorização de ativos e postergação de investimentos.

A Mineração Brasileira e os Desafios do Século XXI

Ao lado do Canadá, Estados Unidos e Austrália, o Brasil se encontra no rol dos países com maior potencial mineral do mundo, graças à magnitude do seu território, associada a uma notável diversidade de ambientes geológicos[5]. O setor contribui muito para as exportações e o saldo comercial, conforme já citado anteriormente, mas vale sublinhar seu potencial para alavancar a indústria nacional. Como já mencionado, o destaque na mineração brasileira é a exportação de concentrados de minério de ferro (*sinter feed* e *pellet feed*) cuja extração e beneficiamento são conduzidos com equipamentos e insumos supridos predominantemente por tradicionais fornecedores internacionais. Portanto, uma parte das divisas geradas pelas exportações de commodities minerais é utilizada para importar insumos, pagar serviços ou remeter *royalties* às matrizes localizadas no exterior.

Assim, um primeiro desafio para se superar é a baixa verticalização de muitos segmentos da indústria mineral brasileira, o que faz com que a cadeia de agregação de valor aplicada aos minérios se desenvolva somente até a produção dos concentrados que, ao serem exportados, retornam ao país na forma de bens de consumo e de capital[6]. Para que o Brasil possa superar a condição de mero exportador de commodities minerais, é necessário que exista uma política industrial que seja balizadora dos investimentos privados e públicos, com a expansão do parque industrial local para consumir materiais de mais alto valor agregado ao invés de simples concentrados minerais.

5. A.J. Melfi, A. Misi, D.A. Campos e U.G. Cordani (orgs.), *Recursos Minerais no Brasil: Problemas e Desafios*, Rio de Janeiro, Academia Brasileira de Ciências (ABC), 2016.
6. *Idem*; A.J. Melfi e F.A.F. Lins, "Valorização dos Recursos Minerais", em J.L. Silva e J.G. Tundisi (coords.), *Projeto de Ciência para o Brasil*, Rio de Janeiro, Academia Brasileira de Ciências (ABC), 2018, pp. 263-281.

Esse tipo de demanda é típico, por exemplo, da indústria eletroeletrônica, aeroespacial e química fina. Não se preconiza aqui repetir a política de substituição de importação do século passado, mas o aproveitamento de nichos atuais de oportunidades em que o país apresente potencial de ser competitivo internacionalmente e considere o aproveitamento de seu mercado interno. É um contraponto à precoce desindustrialização em curso no país nas últimas décadas.

Um exemplo de perda de oportunidade, entre muitas outras, ocorreu nos anos 1990, através de uma parceria entre uma mineradora estabelecida no Estado de São Paulo, a Escola Politécnica da USP e a Fundação de Amparo à Pesquisa do Estado de São Paulo (Fapesp): ao se constatar que no Brasil um resíduo industrial chamado de "soda fraca" (licor de Bayer após extração do alumínio) continha o metal gálio em concentração tão alta quanto em outras fontes existentes mundo afora, desenvolveu-se um projeto de P&D para extrair e produzir gálio de alta pureza a partir desse rico resíduo industrial[7]. Apesar do sucesso técnico-científico da iniciativa, constatou-se que não havia mercado no Brasil (eletrônica avançada) para consumir o gálio de alta pureza eventualmente aqui produzido. Exportá-lo não era economicamente viável.

Um segundo desafio do setor é lidar com o fato de que as atividades de extração e beneficiamento mineral causam ao local onde se instalam impactos de cunho ambiental (modificação da paisagem, poluição do solo, ar e água; alteração no *modus vivendi* da biota) e também social (valor de imóveis, custo de vida, impacto cultural causado pelo afluxo de forasteiros). A mitigação desses impactos constitui notável nicho para o desenvolvimento de práticas inovadoras, que podem receber contribuições de engenheiros, cientistas, administradores e pensadores[8]. A relação com a comunidade é talvez um dos principais desafios da mineração neste século, a denominada "licença social para operar"[9]. Por aqui, as tragédias com as barragens de Mariana e Brumadinho colocaram em primeiro plano essa questão, bem como a percepção negativa da mineração pela sociedade brasileira.

7. W. Avritscher, *Desenvolvimento de Processo para Produção de Gálio Metálico a Partir do Licor de Bayer da Companhia Brasileira de Alumínio – CBA*, São Paulo, Departamento de Engenharia de Minas e Petróleo, Escola Politécnica, USP, 2002 (Tese de Doutorado).
8. I.F. Machado, *Recursos Minerais: Política e Sociedade*.
9. A.J. Melfi e F.A.F. Lins, "Valorização dos Recursos Minerais".

Uma tendência positiva é o movimento mundial em prol de melhores práticas ambientais, sociais e de governança (que formam a sigla ESG – Environmental, Social & Governance) para serem conduzidas pelas empresas, com as duas primeiras letras crescendo em importância nos últimos dez anos. Já bastante disseminadas globalmente, tais práticas têm sido gradualmente adotadas por empresas sediadas no país, catalisadas pelo Conselho Empresarial Brasileiro para o Desenvolvimento Sustentável (CEBDS)[10]. Os princípios da ESG foram objeto de muito interesse, em 2021, por parte da indústria de mineração no Brasil, quando se realizaram vários seminários sobre o tema.

Oportunidades de Inovação

O despontar da terceira década do século XXI assiste à consolidação de tendências (sumarizadas na tabela 2) que constituem não somente desafios, mas também oportunidades de inovação para a indústria mineral brasileira.

As tendências exibidas na tabela 2 têm sido amplamente difundidas pela mídia e discutidas em diversos fóruns técnicos e científicos, assim como subsidiaram e nortearam planos e programas do Ministério de Minas e Energia (Plano Nacional de Mineração 2030; Programa de Desenvolvimento da Mineração 2020-2023); do Ministério de Ciência, Tecnologia e Inovação (Estratégia Nacional de CT&I 2016-2022)[11]; bem como reflexões e propostas feitas pela Academia Brasileira de Ciências (ABC) e Academia Nacional de Engenharia (ANE)[12].

Se a indústria brasileira souber aproveitar as oportunidades de inovação advindas das oportunidades sumarizadas na tabela 2, desenvolvendo processos e produtos capazes de atender plenamente a tais demandas, poderá alavancar não somente a competividade da indústria mineral no país como também ocupar nichos no mercado internacional como provedora de equipa-

10. Centro Empresarial Brasileiro para o Desenvolvimento Sustentável – CEBDS, *ESG: As Três Letras que Estão Mudando os Investimentos*, 2021.
11. Ministério da Ciência, Tecnologia e Inovação – MCTI, *Plano de Ciência, Tecnologia e Inovação para Minerais Estratégicos 2018-2022*; *Diretrizes Estratégicas para o Fundo Setorial Mineral.*
12. A.J. Melfi, A. Misi, D.A. Campos e U.G. Cordani (orgs.), *Recursos Minerais no Brasil: Problemas e Desafios*; A.J. Melfi e F.A.F. Lins, "Valorização dos Recursos Minerais", Academia Nacional de Ciências, Academia Nacional de Engenharia, *Recomendações sobre Segurança de Barragens de Rejeitos*, Rio de Janeiro, ABC/ANE, 2019.

mentos e serviços. Destacamos na tabela duas oportunidades que estão "quicando" à nossa frente, sobre as quais comentamos abaixo: a indústria 4.0 e os minerais críticos para energias renováveis.

Tabela 2. Tendências, Desafios e Oportunidades para a Indústria Mineral no Século XXI[13]

Tendências	Desafios	Oportunidades
Indústria 4.0	Integrar ferramentas da indústria 4.0 à cadeia produtiva mineral.	Desenvolvimento de sistemas de aquisição, manuseio, transmissão e armazenamento de dados que alimentarão softwares para controle e automação de processos de extração e beneficiamento mineral.
Minerais críticos para energias renováveis	Aproveitar a transição energética das próximas décadas para desenvolver o potencial brasileiro em minerais/metais críticos e desenvolver as cadeias produtivas.	As fontes renováveis de energia (eólica, fotovoltaica, geotérmica) demandam minerais /metais específicos, equipamentos e serviços técnicos especializados.
Economia circular	Uma crescente consciência socioambiental em escala global pressiona as mineradoras para tratar seus rejeitos (dando-lhes uma aplicação) ou mesmo a adoção de processos do tipo *zero-waste*, de acordo com as melhores práticas da economia circular.	Resíduos de operações de lavra (estéril) e beneficiamento mineral (rejeitos) deverão constituir matéria-prima que alimentará outros processos industriais (indústria química, cerâmica, materiais de construção).

13. Tabela elaborada pelos autores com base em: A.J. Melfi, A. Misi, D.A. Campos e U.G. Cordani (orgs.), *Recursos Minerais no Brasil: Problemas e Desafios*; A.J. Melfi e F.A.F. Lins, "Valorização dos Recursos Minerais"; Ministério da Ciência, Tecnologia e Inovação – MCTI, *Plano de Ciência, Tecnologia e Inovação para Minerais Estratégicos 2018-2022*; Ministério da Ciência, Tecnologia e Inovação – MCTI, *Diretrizes Estratégicas para o Fundo Setorial Mineral*; K. Nienhaus, T. Pretz e H. Wotruba (eds.), *Sensor Technologies: Impulses for the Raw Materials Industry*, Shaker Verlag, Aachen, 2014; K. Schwab, *The Fourth Industrial Revolution*, New York, Currency, 2017; E.L.P.D. Almeida, *Wireless Communications in Open-Pit Mines: From Radio-Propagation to Network Deployment Strategies*, Aalborg Universitetsforlag, Ph.d. – serien for Det Tekniske Fakultet for IT og Design, Aalborg Universitet, 2019.

Escassez de água	Rompimentos de barragens de rejeitos, assim como a crescente disputa entre comunidades e setores da indústria pelo acesso a recursos hídricos, sinalizam uma premente necessidade de realizar beneficiamento mineral a seco.	Novos processos a seco de concentração mineral vão demandar geração de conhecimento, equipamentos e insumos plenamente adaptados às demandas.
Recursos minerais de mais difícil extração e processamento	A exaustão de jazidas mais ricas e de mais fácil acesso exigirá desenvolvimento de tecnologia para extração em locais remotos ou mais profundos, além de processos adequados para tratar minérios refratários ao beneficiamento convencional.	Lavra em cotas mais profundas, no fundo do mar ou no espaço exigirão tecnologias avançadas. Minérios mais pobres, de liberação mais fina ou com alta resistência à fragmentação chamam por tecnologias à altura desses desafios.

No início deste século, notáveis avanços na capacidade de processamento e armazenamento de dados aliados à consolidação da internet como provedora de informação e comunicação permitiram que a digitalização e tecnologia da informação permeassem todas as atividades econômicas, sociais e culturais da nossa sociedade em escala sem par na história humana, dando início ao que se chamou de Indústria 4.0, Quarta Revolução Industrial ou Transformação Digital[14], que se dissemina por todos os setores produtivos.

Nesse contexto, o sinergismo entre inovações tecnológicas (na tabela 3) propicia o nascimento de outras, em cascata: o desenvolvimento de computadores de alto desempenho, aliado à inteligência artificial, propiciou a criação de sistemas robóticos avançados; o sequenciamento genético somente foi possível após consideráveis progressos no campo da análise de dados (*data analytics*) aliada à disponibilidade de computadores de mais alto desempenho.

A sinergia entre megatendências e vetores tecnológicos inerentes à indústria 4.0, que abrangem ampla gama de aplicações, permitirá de modo crescente a fusão do mundo físico, biológico e digital, modificando os tradicionais

14. K. Nienhaus, T. Pretz e H. Wotruba (eds.), *Sensor Technologies: Impulses for the Raw Materials Industry*; K. Schwab, *The Fourth Industrial Revolution.*

sistemas de produção, consumo, transporte/logística, educação e saúde. Além disso, as novas tecnologias também trazem mudanças comportamentais, visto que têm influenciado a maneira como nos expressamos e/ou comunicamos, como trabalhamos, nos educamos e divertimos. Tamanho espectro de mudanças, certamente, cria múltiplas possibilidades de inovação em cascata que podem se aplicar à indústria mineral[15]. Combinações dos vetores apresentados na tabela 3 têm trazido novas tecnologias cunhadas por termos que estão se tornando rapidamente conhecidos na indústria: *big data, digitalization, digital twin, cloud platform, artificial intelligence, machine learning, deep learning e advanced data analytics.*

Um artigo publicado no *Financial Times*[16] comenta que existem muitos desafios a serem superados pela indústria mineral para usufruir plenamente dos benefícios trazidos pelas tecnologias inerentes à indústria 4.0, como confiabilidade no acesso à internet (conectividade), segurança cibernética, competência da mão de obra para gerenciar dados e prover manutenção adequada aos sistemas. No que concerne à conectividade, falhas no acesso à rede podem paralisar operações de lavra (realizadas com veículos autônomos) ou até mesmo causar graves acidentes, com desastrosas perdas humanas e materiais. A topografia do ambiente de mina modifica-se continuamente após cada detonação, indicando que zonas de sinal forte e fraco variam ao longo da vida de um empreendimento. Isto faz com que antenas fixas possam perder eficiência na transmissão de dados em ambiente com topografia que exibe contínua mutação[17].

Todo processo produtivo altamente dependente da internet é vulnerável à ação maliciosa de hackers, indicando a necessidade de adoção pelas mineradoras das melhores práticas de segurança cibernética. A disponibilidade de mão de obra qualificada para entender as demandas da indústria mineral e atendê-las com eficácia constitui outro desafio. Todas essas dificuldades constituem excelente mercado para empresas prestadoras de serviços. Dentre as aplicações de IOT na mineração, destacam-se os veículos autônomos, moni-

15. K. Schwab, *The Fourth Industrial Revolution.*
16. S. Venkataramakrishnan, "Miners' Adoption of New Tech Heaps Up Security Threats", *Financial Times*, 25 Nov. 2020.
17. E.L.P.D. Almeida, *Wireless Communications in Open-Pit Mines: From Radio-Propagation to Network Deployment Strategies.*

toramento da qualidade da água e do ar, assim como fadiga de operadores de máquinas e veículos[18].

Tabela 3. Vetores da Indústria 4.0 nos Domínios Físico, Digital e Biológico[19]

Domínios	Vetores da indústria 4.0 e suas aplicações na mineração
Físico	Veículos Autônomos: escavação, carregamento e transporte de minérios realizados à distância ou por sistema integrado de gerenciamento da produção.
	Impressão 3D: confecção de objetos por impressão em multicamadas a partir de desenhos ou modelos digitais permite a impressão de peças de reposição e dispositivos com altíssima precisão.
	Robótica Avançada: dispositivos robóticos customizados para executar ampla gama de tarefas com diferentes níveis de complexidade, como mapeamento de locais remotos ou de acesso inseguro e detecção antecipada de falhas em equipamentos.
	Materiais de Alto Desempenho: cerâmicas, polímeros e compósitos mais leves, resistentes, recicláveis e adaptáveis a aplicações críticas (revestimento de moinhos, corpos moedores, estruturas); surfactantes ou polímeros do tipo *tailor-made* para diversas aplicações: reagentes de flotação, auxiliares de desaguamento, abatedores de poeira, aditivos de moagem, agentes para lixiviação seletiva.
Digital	IOT: interconexão de dispositivos computadorizados via internet são capazes de enviar e receber informações que podem integrar toda a cadeia produtiva, indo da extração do minério à produção do concentrado final, subsidiando decisões rápidas, diminuindo riscos e aumentando a produtividade.
	Sensores Inteligentes: dispositivos que executam ações predefinidas em função daquilo que detectam (*smart sensors*) ou softwares capazes de estimar valores para variáveis de processo que não são passíveis de medição direta (*soft sensors*) permitem maior controle do processo produtivo, do meio ambiente ou das condições físicas dos trabalhadores (fadiga, ansiedade, estresse).
	Monitoramento Remoto: aquisição de informações sem contato físico direto com o objeto da medição.

18. S. Venkataramakrishnan, "Miners' Adoption of New Tech Heaps Up Security Threats".
19. Tabela elaborada pelos autores com base em: A.J. Melfi e F.A.F. Lins, "Valorização dos Recursos Minerais"; K. Nienhaus, T. Pretz e H. Wotruba (eds.), *Sensor Technologies: Impulses for the Raw Materials Industry*; E.L.P.D. Almeida, *Wireless Communications in Open-Pit Mines: From Radio-Propagation to Network Deployment Strategies*.

Biológico	Genômica: ramo da genética que estuda o genoma completo de um organismo. Essa ciência pode se dedicar a determinar a sequência completa do DNA de organismos ou apenas o mapeamento de uma escala genética menor. Este tipo de conhecimento pode ser usado no manejo de biota presente em áreas adjacentes a empreendimentos mineiros.
	Biologia Sintética: materiais, dispositivos e processos que são desenhados de modo a imitar agentes do reino animal ou vegetal que executam a mesma função com reconhecida eficiência. Sensores e equipamentos mais elaborados para atuar na lavra, beneficiamento e manejo ambiental.
	Medicina de Precisão: tratamento e prevenção de doenças com base no estilo de vida, ambiente e genética dos indivíduos pode auxiliar na prevenção de doenças ocupacionais.

Com relação a energias renováveis, que remetem ao esforço de descarbonização da economia mundial e à preocupação com as mudanças climáticas; um estudo recente do Banco Mundial[20] estimou as demandas de minerais/metais críticos até 2050, necessárias a uma transição para energias com baixa emissão de carbono, alinhado com o Acordo de Paris de 2015 e com a COP-26 em Glasgow, em 2021. Verificou-se que as tecnologias de geração de energia elétrica (solar, eólica e geotérmica) e de armazenamento (baterias e acumuladores) são mais intensivas no uso de minerais que suas contrapartes baseadas em combustíveis fósseis.

Essas tecnologias renováveis requerem minerais diferentes, mas como são mais intensivas em materiais, a demanda geral por esses minerais aumentará nas próximas décadas. As tecnologias e sub-tecnologias que se estabelecerão para descarbonizar a produção de eletricidade definirão os minerais que terão os maiores aumentos na demanda. O Brasil apresenta potencial geológico, reservas e minas[21] em vários dos metais demandados pela indústria para a descarbonização da economia mundial e, portanto, essa transição energética constitui uma grande oportunidade para o desenvolvimento das cadeias produtivas no país. Este será o escopo da próxima seção.

20. K. Hund *et al.*, *Minerals for Climate Action: The Mineral Intensity of the Clean Energy Transition*, Washington, D. C., World Bank/Climate-Smart Mining Facility, 2020.
21. A.J. Melfi, A. Misi, D.A. Campos e U.G. Cordani (orgs.), *Recursos Minerais no Brasil: Problemas e Desafios*.

O estudo já mencionado do Banco Mundial[22] classifica em dois grupos os minerais/metais críticos para a transição energética. Os metais que estarão presentes em uma ampla variedade de tecnologias de geração e armazenamento de energia são os genéricos ou transversais (Al, Cr, Cu, Mn, Mo, Ni, Ta, Zn e outros), com crescimento de demanda relativamente mais estável. Isso ocorre porque esses metais não dependem da implantação de nenhuma tecnologia específica dentro da transição para energia limpa.

O outro grupo é o dos minerais/metais específicos, de aplicação mais restrita, como o Li, grafite, Co, V e Nb, que são/serão usados em apenas uma ou duas tecnologias, principalmente no armazenamento de energia e, portanto, apresentam maior incerteza de demanda futura nesse uso, que dependerá do sucesso da(s) tecnologia(s) vencedora(s).

Panorama da Pesquisa, Desenvolvimento e Inovação na Mineração Brasileira

Inicialmente, cabe destacar a Emenda Constitucional n. 85, de 2015, que alterou e adicionou dispositivos na Constituição Federal para atualizar o tratamento das atividades de ciência, tecnologia e inovação. Essa importante conquista se revela bem no Artigo 218: "O Estado promoverá e incentivará o desenvolvimento científico, a pesquisa, a capacitação científica e tecnológica e a inovação". E no seu parágrafo primeiro: "A pesquisa científica básica e tecnológica receberá tratamento prioritário do Estado, tendo em vista o bem público e o progresso da ciência, tecnologia e inovação".

A CT&I no Brasil não é apenas importante, não é opcional, *é prioritária*. Ficando neste século, antes houve a promulgação da lei n. 10.973/2004, mais conhecida como Lei da Inovação, que procurou estimular a inovação nas empresas e a interação entre ICTs e empresas para a realização de pesquisa e desenvolvimento (P&D). Alguns decretos e leis vêm aperfeiçoando a lei original desde então.

De iniciativa empresarial, destaca-se a criação do Movimento Empresarial pela Inovação (MEI), em 2008, sob a coordenação da Confederação Nacional da Indústria (CNI) com o objetivo de "trabalhar para que a inovação seja reco-

22. K. Hund *et al*, *op. cit.*

nhecida como imprescindível para o Brasil alcançar o crescimento econômico e o bem-estar social" e tendo como missão "fortalecer o ecossistema de CT&I para tornar a indústria brasileira mais inovadora"[23]. De adesão voluntária, cada setor industrial, ou empresa, segue as diretrizes do MEI segundo a conscientização que tenha sobre a importância da CT&I para sua competitividade.

A Importância de PD&I

Apesar de o Brasil estar no rol das doze maiores economias do mundo e relativamente bem-posicionado no ranking da produção científica mundial (14º lugar –Scopus, 2019), o país segue muito mal colocado nos rankings de inovação (62º lugar – OMPI, 2020) e competitividade (71º lugar – Fórum Econômico Mundial, 2020). Umas das principais causas é o baixo investimento que se faz em P&D. Todavia, há duas décadas o país investe o equivalente a cerca de 1,0% do PIB (já tendo chegado ao máximo de 1,3%), sendo cerca da metade ou um pouco mais originário de recursos públicos (federais e estaduais).

Esse é um indicador usual para efeito de comparação entre países. Aqueles desenvolvidos e mesmo alguns emergentes investem 2 a 4% do PIB, ou até mais, com a participação do setor privado em torno de 70%. A média dos 37 países da OCDE em 2020 foi de 2,3% do PIB. Portanto, o Brasil tem à frente o desafio de elevar substancialmente o patamar dos investimentos em P&D, públicos e privados, sendo estes últimos em maior proporção[24].

A inovação tecnológica se concretiza na indústria e demanda investimento em P&D que, por sua vez, deverá entregar resultados consistentes, capazes de gerar riqueza que poderá ser usada para novos investimentos em P&D, realimentando um ciclo virtuoso apresentado na figura 1. Nos países de economia mais desenvolvida, o Estado atua no sentido de apoiar e fomentar esse ciclo, mas deixa para a iniciativa privada o protagonismo que lhe cabe para complementar tal processo, conforme o modelo da "hélice tríplice" de inovação e empreendedorismo[25], abordado no capítulo 7 deste livro.

23. Confederação Nacional da Indústria – CNI e Mobilização Empresarial pela Inovação – MEI, "O que É a MEI", 2020.
24. F.A.F. Lins, "A Pesquisa de Inovação: Pintec e a Mineração Brasileira", *Brasil Mineral*, vol. 413, pp. 112-121, set. 2021.
25. H. Etzkowitz e C. Zhou, "Hélice Tríplice: Inovação e Empreendedorismo Universidade-Indústria-Governo", *Estudos Avançados*, n. 90, vol. 31, pp. 23-48, 2017.

Assim, pesquisas tecnológicas realizadas sem sintonia com as necessidades da indústria e sob auspício exclusivo do Estado poderão gerar conhecimento (através de teses e publicações), mas dificilmente seus resultados serão convertidos em riqueza que catalisará o progresso intelectual e material da nação. Daí a importância fundamental das empresas no ciclo virtuoso ilustrado, que traduz o modelo da hélice tríplice.

Figura 1. Ilustração de círculo virtuoso envolvendo investimento em P&D, entregas consistentes, geração de riqueza e reinvestimento.

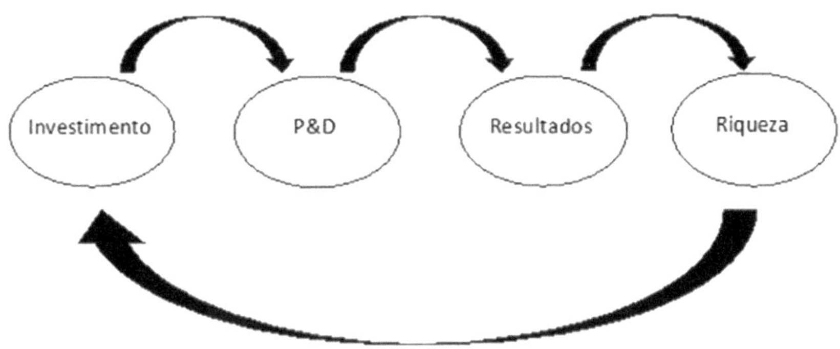

Pesquisa de Inovação: Pintec e Lei do Bem na Mineração

A Pintec é realizada trienalmente pelo IBGE. Iniciada em 1998-2000, a última pesquisa disponível é sobre o triênio 2015-2017. Assim, resultados inerentes ao período 2018-2020 serão conhecidos somente em 2023. A seguir, apresentam-se algumas informações sobre a taxa de inovação e a intensidade tecnológica da mineração *stricto sensu*[26]. A taxa de inovação é definida como o percentual das empresas que declaram ter implementado inovações (de produto e/ou processo) durante o triênio em referência. Entre 70 e 80% delas, nos vinte anos da Pintec, declararam alguma inovação em processo – o que não surpreende, uma vez que a maior parte dos produtos vendidos é constituída por commodities, com características físicas e químicas predefinidas para atender a mercados específicos.

26. F.A.F. Lins, "A Pesquisa de Inovação: Pintec e a Mineração Brasileira".

A evolução da taxa de inovação na mineração brasileira esteve em torno de 20% nos cinco primeiros triênios; subiu a 42% entre 2012-2014; mas caiu a 15% no triênio 2015-2017. Na Pintec, a inovação abrange atividades de P&D; treinamento; introdução de inovações tecnológicas no mercado; aquisição de máquinas/equipamentos; aquisição de *softwares* e projetos industriais. A intensidade tecnológica de um setor (ou de uma empresa) é medida pelo investimento em P&D com relação à receita líquida de vendas (RLV).

A intensidade tecnológica da mineração no país variou em torno de 0,20% ao ano entre 2000 e 2008 e alcançou uma média de 0,54% nos anos 2011, 2014 e 2017, cerca da metade da intensidade tecnológica média do conjunto total de empresas do Brasil. A título de comparação, pesquisas sobre a intensidade tecnológica de dezessete grandes mineradoras internacionais, entre 2000 e 2018, mostraram que a intensidade tecnológica média iniciou com 0,7%, em 2000, e caiu a 0,4% nos últimos anos do período[27].

Nos anos 2011, 2014 e 2017, ainda segundo a Pintec, verificou-se que, em média, 74 empresas de mineração investiram R$ 683 milhões em P&D (interno e externo). Esse é um número muito pequeno, considerando que nesses três anos, em média, 570 empresas declararam que fizeram alguma inovação, num universo de 2.475 consultadas. Da média de 74 empresas, quarenta delas investiram apenas R$ 109 milhões em P&D externo em parcerias com ICTs, universidades e outras empresas, ou seja, apenas 16% do total dos recursos, mostrando um grande espaço para o crescimento da inovação aberta na mineração brasileira.

A Lei do Bem (Lei n. 11.196/2005) incentiva as empresas, possibilitando abater até 34% do dispêndio em P&D no Imposto de Renda (os autores preferem considerar esse gasto como um investimento), assim como a redução de 50% no IPI de máquinas e equipamentos para P&D[28]. A empresa deve estar em regime de lucro real e ter obtido lucro no ano do pleito. Iniciando em 2006, menos de quatro empresas de mineração por ano utilizaram o benefício até 2009. A partir de 2010, cresceu de patamar, variando entre 10 e 35 empresas ao ano, com uma média de 21 empresas no período 2010-2020. Em média, anualmente, foram R$ 240 milhões de investimentos em 218 projetos de P&D pelas

27. *Idem.*
28. F.A.F. Lins *et al.*, "A Lei do Bem de Incentivo à P&D e a Mineração Brasileira", *Brasil Mineral*, n. 418, pp. 90-98, mar.-abr. 2022.

empresas de mineração, e R$ 60 milhões de renúncia fiscal com base na Lei do Bem, de 2010 a 2020, em valores correntes[29]. Portanto, parece haver espaço para crescer significativamente a utilização desse benefício fiscal, pois, segundo a Pintec, apenas 74 empresas de mineração têm investido em P&D por ano.

Centro de Tecnologia Mineral (Cetem)

Os antecedentes do Cetem remontam a 1934, com a criação do DNPM. Em sua estrutura inicial foi criado o Laboratório da Produção Mineral (LPM), voltado à tecnologia mineral, sendo o antecessor direto do Cetem. Em 1969, a nova empresa estatal Companhia de Pesquisa de Recursos Minerais (CPRM) assume algumas responsabilidades do DNPM, destacadamente os levantamentos geológicos do território. O país dependia muito da importação de minérios para suprir suas indústrias de transformação. Nesse contexto, o Ministro das Minas e Energia, Antônio Dias Leite, concebeu e determinou a construção do Cetem. Anos depois, em abril de 1978, ele começava sua história, localizado no campus da UFRJ.

Em sua primeira década, o Cetem funcionou por meio de um convênio entre a CPRM e o DNPM. A programação das pesquisas se desdobrava em projetos de desenvolvimento de tecnologias para depósitos minerais e em projetos das principais empresas do país e da própria CPRM. Mas ao final da década de 1980, a vocação da CPRM definiu-se como a de um serviço geológico brasileiro, como segue até os dias de hoje, deixando de atuar na busca por jazidas. O modelo que sustentou o Cetem se esgotara.

O Congresso Nacional (Constituinte) reconheceu a importância estratégica do Centro, com a lei n. 7.677/1988, criando o Cetem na esfera do MCT (criado anteriormente em 1985), especificamente no âmbito do CNPq, como um de seus institutos de pesquisa. Nos anos 1990, o Centro desenvolveu programas importantes sobre terras raras, carvão, entre outros, com recursos próprios e/ou de agências. Foi um período de preços baixos das commodities e poucos novos empreendimentos mineiros, como registra o quadro 1.

Todavia, inspirado pela Conferência da ONU no Rio de Janeiro (Eco-92), o Cetem aproveitou a oportunidade de atuação na área ambiental e foi pioneiro no país nas ações e estudos sobre desenvolvimento sustentável na mineração,

29. *Idem.*

sendo reconhecido até os dias de hoje como uma referência no tema. A partir de 2002, ocorre o *boom* da mineração mundial, com a China liderando o consumo (quadro 1). As parcerias com empresas em P&D se intensificaram. O Centro também se consolidou no setor de rochas ornamentais, levando à inauguração, em 2014, do primeiro Núcleo Regional (NRES), localizado em Cachoeiro de Itapemirim, ES, principal polo de produção e exportação do país.

Em dezembro de 2017, é sancionada a lei n. 13.540, que pode impactar o futuro do Cetem: seu papel estratégico para o Brasil é reconhecido mais uma vez pelo Congresso Nacional, o qual considerou o fato de o Cetem ser o único instituto de pesquisa público com foco em tecnologia mineral, atribuindo-lhe 1,8% da CREM – os royalties da mineração. A crise fiscal, porém, tem impedido o Cetem de receber os recursos adicionais, que seriam da ordem R$ 170 milhões, em 2021.

Em seus quase 44 anos, o Cetem continua realizando atividades de P&D e de transferência de tecnologia para o setor produtivo e estudos sobre questões ambientais, bem como disseminando o conhecimento, com um repositório de mais de três mil publicações técnicas e científicas, único no país em sua especialidade, acessíveis ao público em seu portal.

Instituto Tecnológico Vale (ITV)

Em 2010, a mineradora Vale S.A. criou o Instituto Tecnológico Vale (ITV), objetivando criar opções de futuro não somente para a empresa, mas também para regiões cuja economia é dependente da mineração de ferro, como Minas Gerais e Pará. Assim, criou-se em Belém, PA, o ITV-Desenvolvimento Sustentável (ITV-DS) e também o ITV-Mineração em Ouro Preto, MG (ITV-MI).

Dentre as ações envidadas pelo ITV para contribuir para o futuro econômico de Minas Gerais, destaca-se a criação do Proficam (Mestrado Profissionalizante em Instrumentação, Controle e Automação de Processos de Mineração) que, em colaboração estreita com a Escola de Minas da UFOP, visa preparar mão de obra local para atender às demandas da indústria 4.0. Além disso, procura contribuir para a atração de empresas de base tecnológica para se instalarem em Minas Gerais. Dentro desta filosofia, está sendo desenvolvido o "EspeleoRobô", um dispositivo robótico móvel inicialmente produzido para explorar cavernas, mas que se mostrou útil para adentrar ambientes que oferecem riscos aos seres humanos.

Outra importante contribuição do Proficam foi a invenção de sensor para medir *online* a umidade de minério de ferro em correias transportadoras. Mais um gol do ITV-MI foi o desenvolvimento de processo de baixo custo para reduzir o teor de umidade de *pellet feed* por sopro de ar quente e seco em contrafluxo com minério cadente em chutes de transferência. Além de obter cartas-patentes nos cinco continentes, tal processo se encontra em fase de comissionamento em São Luís, MA.

Na busca de melhor compreender o impacto da mineração e outras atividades humanas sobre a região de Carajás, PA, com vistas ao desenvolvimento sustentável, o ITV-DS realiza monitoramento e pesquisas sobre o ambiente físico e biológico, além da perspectiva social e econômica regional. Uma descrição com referências genéticas das espécies que compõem as cangas ferruginosas de Carajás expandiu em mais de cinco vezes o conhecimento existente sobre a flora local, subsidiando o planejamento de atividades industriais e monitoramento da biodiversidade regional. A produção do *Atlas Socioeconômico* informa o status das pessoas que habitam o território de atuação da mineradora, viabilizando a mensuração do impacto da extração mineral na geração de valor para as pessoas. Além de realizar pesquisas do interesse da empresa mantenedora, o ITV produz informações importantes para a sociedade, como previsão de tempo e clima para toda a região, além de estudos de conservação com base genética para espécies ameaçadas de extinção.

Mining Hub

No início de 2019, outra importante iniciativa da indústria mineral brasileira foi a criação do Mining Hub, em Belo Horizonte, um *pool* de 17 empresas de mineração, com o apoio do Instituto Brasileiro de Mineração (Ibram), com o objetivo de promover o desenvolvimento de soluções tecnológicas, fazendo uso do conceito de inovação aberta. Esta se baseia na execução de projetos de inovação que extrapolam os limites de uma única empresa, congregando uma ampla rede de parceiros que são selecionados em editais (startups, clientes e fornecedores) e que, de forma colaborativa com uma ou mais mineradoras, partilham competências e recursos para acelerar o processo de inovação.

Uma vez que a construção de uma infraestrutura de P&D, juntamente com a formação de equipes qualificadas, demanda tempo e investimentos para serem arcados por uma única empresa em projetos tradicionais, a inovação aberta permite que se utilize mão de obra e infraestrutura compartilhada, minimizando custos, facilitando a troca de ideias e acelerando o processo de transformação de ideias em valor.

Experiência Internacional de Sucesso: Amira

Há mais de sessenta anos, empresas mineradoras australianas se consorciaram para fundar a Amira: The Australian Mineral Industries Research Association Ltd., objetivando facilitar o avanço tecnológico de seus membros através do desenvolvimento de projetos de P&D cooperativos que envolviam mineradoras (financiadores) e as universidades/centros de pesquisa do país (executores). Assim nasceram projetos perenes e relevantes, como o P9-Mineral Processing e o P260-Flotation, entre outros que contribuíram para um grande protagonismo das universidades australianas na tecnologia mineral em nível global.

Com base nas demandas tecnológicas postas pela indústria mineral, a Amira busca parceiros no meio acadêmico para realização de projetos de P&D nas áreas de geologia, lavra, beneficiamento e metalurgia extrativa que possam contribuir para a solução de tais problemas, administrando sua execução e organizando seminários periódicos quando pesquisadores e financiadores discutem as entregas. Com isto, além do conhecimento entregue às mineradoras, criaram-se oportunidades para o meio acadêmico se desenvolver através de contato mais estreito com a realidade industrial, além do aporte de recursos privados para construção de laboratórios, aquisição de equipamentos e pagamento de bolsas para estudantes.

Nos últimos vinte anos, a Amira passou a atuar em nível internacional, quando alguns pesquisadores de ICTs brasileiras também tiveram oportunidade de participar de projetos de P&D que atendiam a demandas de mineradoras brasileiras que aderiram a alguns de seus projetos. A competência da Amira em catalisar a relação academia-indústria, formatando e administrando projetos firmemente calcados em entregas sólidas e consistentes, constitui um paradigma de sucesso.

Em 1996, foi criada a Agência para o Desenvolvimento e Inovação do Setor Mineral Brasileiro (Adimb), inspirada na Amira, com o propósito de atuar como uma agência para o desenvolvimento tecnológico da indústria mineral brasileira, como era seu primeiro nome. É uma associação formada por empresas e instituições e tem como membros natos desde sua fundação o MME, o MCTI e o Ibram. Sua missão é "promover o desenvolvimento técnico-científico e a capacitação de recursos humanos para a indústria mineral brasileira" (conforme site da Adimb).

Considerações Finais

A indústria mineral é responsável pelo suprimento de insumos que são indispensáveis ao progresso e bem-estar da humanidade. Como toda atividade industrial, ela traz riquezas e também mazelas que demandam adequado gerenciamento para garantir sustentável desenvolvimento econômico e social. No Brasil, apesar da importância econômica da mineração, a agregação de valor se estende principalmente à produção de concentrados minerais que são em sua maioria exportados, retornando ao país na forma de bens de consumo e de capital.

Para que o Brasil possa superar a condição de mero exportador de commodities minerais, é necessário que exista uma política industrial que seja balizadora dos investimentos privados e públicos, com a expansão e sofisticação do seu parque industrial para consumir materiais de mais alto valor agregado. Neste novo século, tendências que se manifestam em escala mundial (transformação digital, escassez de água, economia circular, diminuição das emissões de carbono, complexidade tecnológica para extrair recursos mais pobres e menos acessíveis) constituem oportunidades para o Brasil diversificar e sofisticar seu parque industrial a partir da verticalização de seus arranjos produtivos locais baseados na riqueza e diversidade de seus recursos minerais.

A exemplo de outros países, faz-se necessário exercitar um ciclo virtuoso, protagonizado pela iniciativa privada, onde maior investimento em P&D gere conhecimento que se traduza em inovações tecnológicas que tragam riqueza e progresso, dinamizando a economia e realimentando o ciclo virtuoso através de novos e crescentes investimentos em pesquisa, desenvolvimento e inovação. Nesse sentido, foi visto que apenas 74 empresas de mineração no país investem em P&D, representando aproximadamente 0,5% da receita líquida.

Este percentual é similar ao praticado pelas mineradoras internacionais. Isto correspondeu a R$ 683 milhões em média nos anos 2011, 2014 e 2017. O problema é o pequeno número de empresas que investem em P&D: apenas 74, de um grupo de 570 que se declaram inovadoras, dentro do universo de 2.475 empresas de mineração consultadas. Portanto, é pertinente lembrar a necessidade de se criar legislação que induza as mineradoras a investirem um pequeno percentual de sua receita em P&D, internamente ou em parcerias com as ICTs e universidades brasileiras, de modo análogo às cláusulas de P&D vigentes há mais de vinte anos nos setores de energia elétrica e de petróleo e gás.

Referências

Almeida, Erika Portela Lopes de. *Wireless Communications in Open-Pit Mines: From Radio-Propagation to Network Deployment Strategies*. Aalborg Universitetsforlag, Aalborg Universitet, 2019 (Ph.d. – serien for Det Tekniske Fakultet for IT og Design).

Avritscher, Waldemar. *Desenvolvimento de Processo para Produção de Gálio Metálico a Partir do Licor de Bayer da Companhia Brasileira de Alumínio – CBA*. São Paulo, Departamento de Engenharia de Minas e Petróleo, Escola Politécnica, USP, 2002 (Tese de Doutorado).

Bresser-Pereira, Luiz Carlos; Marconi, Nelson & Oreiro, José Luis. "Dutch Desease". *In*: Bresser-Pereira, Luiz Carlos. *Structuralist Development Macroeconomics*. London, Routledge, 2020.

Diretrizes Estratégicas para o Fundo Setorial Mineral. MCTI, Brasília, 2018.

ESG: As Três Letras que Estão Mudando os Investimentos. CEBDS, 2021.

Etzkowitz, Henry & Zhou, Chunyan. "Hélice Tríplice: Inovação e Empreendedorismo Universidade-Indústria-Governo". *Estudos Avançados*, n. 90, vol. 31, pp. 23-48, 2017.

Hund, Kirsten *et al*. *Minerals for Climate Action: The Mineral Intensity of the Clean Energy Transition*. Washington, D. C., World Bank/Climate-Smart Mining Facility, 2020.

Lins, Fernando Antonio Freitas. "A Pesquisa de Inovação: Pintec e a Mineração Brasileira". *Brasil Mineral*, vol. 413, pp. 112-121, set. 2021.

______ *et al*. "A Lei do Bem de Incentivo à P&D e a Mineração Brasileira". *Brasil Mineral*, n. 418, mar.-abr. 2022.

Machado, Iran Ferreira. *Recursos Minerais: Política e Sociedade*. São Paulo, Edgard Blücher, 1989.

Medeiros, Carlos Aguiar de. "Padrões de Investimento, Mudança Institucional e Transformação Estrutural na Economia Chinesa". *In: Padrões de Desenvolvimento Econômico*, vol. 2, *América Latina, Ásia e Rússia*. Brasília, CGEE, 2013.

Melfi, Adolpho José & Lins, Fernando Antonio Freitas. "Valorização dos Recursos Minerais". *In*: Silva, Jerson Lima & Tundisi, José Galizia (coords.). *Projeto de Ciência para o Brasil*. Rio de Janeiro, Academia Brasileira de Ciências (ABC), 2018, pp. 263-281.

______; Misi, Aroldo; Campos, Diógenes de Almeida & Cordani, Umberto Giuseppe (orgs.). *Recursos Minerais no Brasil: Problemas e Desafios*. Rio de Janeiro, Academia Brasileira de Ciências (abc), 2016.

Nienhaus, Karl; Pretz, Thomas & Wotruba, Hermann (eds.). *Sensor Technologies: Impulses for the Raw Materials Industry*. Shaker Verlag, Aachen, 2014.

Plano de Ciência, Tecnologia e Inovação para Minerais Estratégicos 2018-2022. mcti, Brasília, 2018.

"O que é a mei". cni/mei, 2020. Disponível em: https://www.portaldaindustria.com.br/cni/canais/mei/o-que-e-a-mei/

Rankin, W. John. *Minerals, Metals and Sustainability: Meeting Future Material Needs*. Leiden, crc Press/Balkema, 2011.

Recomendações sobre Segurança de Barragens de Rejeitos. Rio de Janeiro, abc/ane, 2019.

Schwab, Klaus. *The Fourth Industrial Revolution*. New York, Currency, 2017.

Serrano, Franklin & Summa, Ricardo. "Demanda Agregada e a Desaceleração do Crescimento Econômico Brasileiro de 2011 a 2014". *Center for Economic and Policy Research*, n. 400, 2014.

Silva Filho, Luís Abel da & Cunha, Marcelo Pereira. "Preço Internacional das *Commodities* e Impactos na Atividade Econômica Brasileira: Simulações por Equilíbrio Geral Computável". *Revista Espacios*, vol. 37, n. 30, pp. 29-35, 2016.

Thiers, P. & Thiers, G. "Mining Chemicals". *scup Reports*. sri Consulting, 2001.

Venkataramakrishnan, Sid. "Miners' Adoption of New Tech Heaps Up Security Threats". *Financial Times*, 25 Nov. 2020.

CAPÍTULO 4

Engenharia da Complexidade

José Roberto Castilho Piqueira

Introdução

Nos últimos vinte anos, a rápida evolução da tecnologia da informação tem permitido aos engenheiros alcançar de modo mais assertivo os objetivos de seus projetos através da abordagem oferecida pela Engenharia da Complexidade. Pela amplitude de seu escopo e abrangência, ela atém-se não somente aos aspectos técnicos de um domínio específico da engenharia, mas também considera o impacto do projeto no ambiente, nas pessoas e na economia. Esta abordagem constitui uma poderosa aliada da inovação e, se adequadamente explorada, contribui de sobremaneira para o desenvolvimento econômico sustentável.

Complexidade e Disjunção na Engenharia

Para conceituar complexidade no contexto da atividade de engenharia é necessário enfrentar o significado conotativo atribuído à palavra, ao longo dos anos. No dia a dia do engenheiro, complexo é tudo que apresenta dificuldades especiais em relação à concepção, projeto, montagem e operação.

Por exemplo, uma ponte ou uma via elevada é uma obra que pode ser de alta dificuldade. Sua concepção se inicia com necessidade de ligar dois locais separados por algum fator geográfico que impede ou dificulta o trânsito de pessoas e veículos. Nesta fase estão presentes fatores econômicos, sociais, ambientais e financeiros que determinam a localização e o custo máximo permitido que, uma vez definidos, dão a partida para as primeiras especificações da obra.

Possíveis esforços naturais a serem suportados, cargas permissíveis devidas ao tráfego e fatores geométricos dão início aos cálculos. Esforços solicitantes e intensidade de exposição ao intemperismo proporcionam a definição dos materiais, vigas, pilares, pavimentação e sustentação. Em seguida vem o projeto executivo. Todos os materiais e custos de mão de obra são detalhados para que a obra possa ser iniciada e comece a sair do mundo do papel. A construção é árdua e requer acompanhamento constante para sanar problemas não previstos no projeto e que são inevitáveis durante o trabalho de implementação.

Pronta e inaugurada, a ponte ou via elevada precisa ser mantida, com medições constantes usando sensores de posição e de cargas. O resultado dessa monitoração permite a prevenção e correção de falhas. Recorrendo ao sentido habitual da palavra, todos concordarão que conceber, projetar, construir e manter uma ponte constitui um complexo problema de engenharia.

Outro possível exemplo é o da concepção, projeto, construção e operação de uma avenida ligando dois bairros de uma cidade, com o intuito de melhorar a mobilidade urbana. Definir o traçado da via é o ponto de partida, problema que pode envolver complicadas questões econômicas, sociais e ambientais. Não basta o conhecimento geométrico para esta tarefa: o planejamento urbano, combinando tráfego de veículos e pessoas, aliado ao atendimento das populações a serem deslocadas, são elementos essenciais para o trabalho.

Definido o traçado, há o projeto que envolve alterações de uso do solo, com demolições, procedimentos de terraplenagem, definições de pisos e bordas e o projeto executivo, prevendo o preparo dos materiais e máquinas, bem como os custos de mão de obra. Do papel para a realidade, tarefa difícil, com trabalho durante possíveis intempéries, com alterações de circulação de veículos e pessoas no entorno dos canteiros de obra. Depois das inaugurações, discursos e cortes de fitas, há a operação e manutenção, com medições que podem ser sofisticadas e ações que podem influenciar a rotina diária de motoristas e usuários de transporte individual e coletivo.

Mais uma vez, usando a linguagem diária, conceber, projetar, construir e manter uma avenida é tarefa de complexidade considerável. Essa ideia de complexidade, explorada nos dois exemplos, carrega a carga semântica da disjunção, isto é, o problema complexo da implantação de uma ponte ou via elevada é visto como decomposto em sequência de operações, realizadas por pessoas diferentes que executam tarefas aparentemente estanques e sem conexão.

A ponte ou a via elevada são vistas e estudadas como sistemas fechados. Suas interações com o entorno são compreendidas de uma maneira probabilística, como se fossem responsáveis pelo imponderável, atribuindo-se a elas fatores de segurança que nem sempre funcionam adequadamente. A queda do elevado Paulo de Frontin, no Rio de Janeiro, e o incêndio sob a ponte da Avenida Santo Amaro, em São Paulo, são exemplos ilustrativos dessa falha de abordagem. Da mesma maneira, a construção da avenida, da qual a ponte ou a via elevada podem fazer parte, se for vista como sistema fechado, pode trazer mais prejuízos do que benefícios. Basta olhar o "Minhocão" de São Paulo para entender o estrago urbano causado por uma melhoria de tráfego.

O pensamento complexo aparece em um contexto complementar ao da prática atual da engenharia, cujos sucessos poderiam ser enumerados em todas as áreas da atividade humana. Trata-se adicionar aos trabalhos três novos pontos de vista: as obras como sistemas abertos, a emergência de fenômenos resultantes das não linearidades e o olhar Gödeliano da incompletude. Este último foi desenvolvido pelo filósofo e matemático austríaco Kurt Friedrich Gödel ao longo do século XX, cujas ideias e conceitos se coadunam com a Teoria da Informação, desenvolvida por Claude Elwood Shannon, para embasar a Engenharia da Complexidade de Edgar Morin.

Assim, passamos a entender a Engenharia da Complexidade como aquela que adiciona à visão tradicional da disjunção e do fechamento dos sistemas uma abordagem aberta, não linear e com a incompletude em sua gênese[1]. Apoia-se nas conquistas e conhecimentos bem estabelecidos, mas proporciona uma abordagem global e transdisciplinar, trabalhando a noção de "sistema de sistemas"[2].

1. E. Morin, *Introdução ao Pensamento Complexo*, 5. ed., Porto Alegre, Sulina, 2005.
2. L.V. Bertalanffy, *General System Theory: Foundations, Development, Applications*, New York, George Braziller, 1968.

(a) Queda do viaduto Paulo de Frontin (Rio de Janeiro)

(b) Incêndio sob a ponte da Avenida Santo Amaro (São Paulo).

Desastres em obras civis causados pela disjunção em projetos de engenharia[3].

Elevado João Goulart (zona central de São Paulo), ilustrando seu impacto na paisagem urbana[4].

3. Fontes: a. acervo.oglobo.globo.com; b. jovempan.com.br.
4. Fonte: gazetasp.com.br

(a) Kurt Friedrich Gödel (1906-1978) (b) Claude Elwood Shannon (1916-2001) (c) Edgar Morin (1921)

Fundadores das bases teóricas da Engenharia da Complexidade[5].

Sistemas Abertos

Nos exemplos apresentados anteriormente, fica claro o estabelecimento, a partir da fase de projeto, de sistemas que consideram sua interação com o ambiente como estática, refletida nos parâmetros físicos e coeficientes de segurança estabelecidos de início. Essa é uma metodologia que, ao longo da história, tem sido aplicada com sucesso, mas que trabalha como se o sistema em estudo ou construção fosse considerado fechado, limitando as possíveis aleatoriedades às margens de variação de parâmetros.

As possibilidades proporcionadas pelo desenvolvimento da computação, permitindo a manipulação rápida e precisa de grande quantidade de dados, colocam nas mãos da engenharia poderosas ferramentas de análise e síntese de sistemas em níveis de detalhe antes inimagináveis. Além disso, ferramentas e programas de simulação altamente eficientes permitem trabalhar as mais variadas possibilidades de montagem e execução com rapidez e alto grau de previsibilidade. Isso nos aproxima do trabalho de concepção, projeto, execução e manutenção para um sistema aberto e sujeito às leis da termodinâmica, incluindo os efeitos dos processos dinâmicos de diferentes escalas temporais.

No exemplo da ponte ou via elevada, o novo tratamento a ser dado parte do princípio de que o sistema a ser concebido deixa de ser a ponte ou via

5. Fonte: Wikipedia, 2017.

elevada real, mas um novo elemento em que a realidade reside no elo entre o sistema e o meio ambiente, com a maior parte das interações podendo ser simuladas, permitindo decisões que levam em conta as incertezas como componentes do conjunto.

Simulador de voo de helicópteros[6].

Como a ponte ou via elevada está posicionada no contexto global da via da qual faz parte? Como as intempéries podem mudar sua construção e operacionalidade? Como a operação da ponte afetará a mobilidade urbana? Como o tráfego em volta afetará seus parâmetros físicos? Como a emissão de poluentes dos veículos afetará a saúde das populações vizinhas? Como a área no entorno do empreendimento se organizará? Enfim, há uma infinidade de perguntas e cenários a serem simulados e analisados, trazendo melhor segurança decisória e acrescentando conhecimento à Engenharia. Além disso, o processamento dos dados, medidos continuamente pelos diversos tipos de sensores durante a construção e operação, permitirá cuidados preventivos e corretivos de ampla eficiência.

Da construção de uma ponte para a indústria química: a implantação de uma unidade industrial para fabricar um certo produto começa por uma

6. Fonte: args.com.br

criteriosa análise de sua adequação de benefícios e prejuízos para a população e para o meio ambiente. Segue-se a escolha do local, problema a ser resolvido a partir de importantes questões ambientais, econômicas, sociais e de segurança. O projeto envolverá a infraestrutura a ser construída para acolher a fábrica, adequando-a a condições de pressão, umidade, temperatura e circulação de ar e água. Esse é um projeto fortemente dependente do processo a ser implantado, também de alta complicação e passível de grande cuidado de produção, considerando o trabalhador interno e os cuidados ergonômicos e de segurança que protejam a vida e proporcionem dignidade. Com a fábrica em operação, para onde irão os rejeitos? As normas de sustentabilidade serão respeitadas? A qualidade do ar e dos mananciais serão preservadas? Todos esses fatores considerados proporcionarão viabilidade econômica?

Mais uma vez, cenários diversos poderão ser simulados e estudados cuidadosamente, modelando o físico-químico, o biológico e o antropológico, levando o transdisciplinar ao nível de interação efetiva, aproximando possíveis aleatoriedades do modelo do processo. Assim, a Engenharia da Complexidade apresenta uma proposta multidimensional não totalitária e não doutrinária, que proporciona conexão flexível entre incerteza física e indecisão teórica. Complementarmente, os princípios da Termodinâmica não fazem apenas papel de condições de contorno complementares ou indesejáveis, mas passam a fazer parte integrante da concepção dos projetos e obras, representando importante abertura epistêmica[7].

Não Linearidades

Sinais aleatórios espúrios, chamados genericamente de ruídos, parecem ser uma grande dificuldade para a boa operação de sistemas eletrônicos, em comunicações e instrumentação. A concepção de um projeto nessas áreas começa pela especificação da relação sinal-ruído, *i. e.*, de quantas vezes o sinal é mais intenso do que o ruído. Daí decorre o teorema fundamental da teoria da informação: caso a relação sinal-ruído de uma fonte de dados seja maior ou

7. D. Kondepudi e I. Prigogine, *Modern Thermodynamics: From Heat Engines to Dissipative Structures*, 2. ed., Sussex, John Wiley and Sons, 2015.

igual à capacidade do canal, é sempre possível codificar os dados e transmiti-los para um receptor, com pequena e arbitrária taxa de erros.

Além do conhecimento advindo da teoria da informação, proposta por Claude Elwood Shannon (1916-2001), os engenheiros de eletrônica e comunicações se serviram amplamente da teoria de processos estocásticos, do eletromagnetismo e da teoria dos circuitos para desenvolverem dispositivos de modulação e demodulação, responsáveis pela prontidão e ubiquidade dos acessos à internet. Originalmente, esses avanços foram obtidos por projetos e dispositivos lineares, isto é, aqueles que satisfazem o princípio da superposição: o efeito da soma é a soma dos efeitos. Essa é uma hipótese que, quando satisfeita, proporciona facilidade de projeto e precisão de operação. Entretanto, os componentes eletrônicos apresentam não linearidades e superposições de efeitos nem sempre satisfeitas, fatos que podem dificultar os projetos, mas também incrementá-los, se bem utilizados.

Em meados dos anos 1980, houve uma grande movimentação no mundo da física e da engenharia mecânica com origem na facilidade computacional de simular sistemas dinâmicos descritos por equações diferenciais não lineares, produzindo o chamado caos determinístico. Entende-se por caos determinístico o comportamento aleatório de um sistema dinâmico descrito por equações não lineares deterministas, associado à emergência de comportamentos sensíveis às condições iniciais. Está, então, criada a dicotomia, sempre própria da complexidade: o imprevisível dentro do previsível. Alguns circuitos elétricos apresentando esse fenômeno foram desenvolvidos e os campos da modulação e da criptografia ficaram enriquecidos com essas novas possibilidades.

O caos determinístico e sua emergência fazem parte integrante da engenharia da complexidade em suas diversas atividades de concepção e projeto, aprimorando a acuidade dos modelos das interações e, na implantação e operação, permitindo a visualização de uma variedade maior de cenários. Outro fator a ser considerado no contexto da engenharia da complexidade é o da auto-organização do sistema constituído pela obra e seu entorno físico, biológico e humano. A interação física, por mais complicada que seja, tem metodologias relativamente bem desenvolvidas para serem estudadas e contextualizadas.

As interações biológicas podem trazer maiores e mais inesperadas surpresas. Alterações ambientais produzidas por uma ação de engenharia podem implicar degradações de paisagens e propagação de doenças. O fator mais relevante a ser incluído é, entretanto, o antropológico. Obras de engenharia são trabalhos humanos que devem visar a melhoria da vida no planeta, sob os mais variados aspectos. Não se pode esquecer que seres humanos são dotados de consciência e discernimento, o que pode influenciar de maneira direta decisões de concepção, projeto, implantação e operação de um sistema e, principalmente, contextualizá-los às condições humanas de cada população.

De nada adianta construir estradas modernas em locais em que as populações são tão carentes que sequer gozam de mobilidade. Da mesma forma, com a necessidade premente de água e energia para manutenção da vida, não faz sentido coibir o desenvolvimento de fontes alternativas e de mecanismos de despoluição de mananciais.

Interesses de grandes grupos econômicos podem trabalhar contra a erradicação da fome no planeta e fanatismos bélicos e religiosos podem fomentar desenvolvimento de máquinas de destruição. O balanço cultural, social e econômico é o ponto central da Engenharia da Complexidade, que, além de transdisciplinar, deve ser uma ferramenta de entendimento, paz e qualidade de vida para todos.

Incompletude

Uma das discussões prediletas dos vendedores de novos produtos e dos entusiastas das novidades tem sido sobre as cidades inteligentes e sobre a chamada Internet das Coisas (IOT). Fabricantes tradicionais de hardware e software promovem simpósios, oferecem soluções gratuitas para demonstração, financiam desenvolvimento e publicações, visando liderar um mercado aparentemente muito promissor. Há soluções para a segurança de logradouros e residências, para monitoração de acidentes, enchentes e multidões. Esse é o jeito tradicional de olhar os problemas de engenharia, pensando nos modelos físicos. Cada sistema como sendo único, fechado e voltado para uma finalidade exclusiva.

O pensamento complexo aplicado às cidades inteligentes e à Internet das coisas começaria pelo pensamento antropológico, integrando o biológico e o físico. Uma cidade inteligente começa pela cultura e pelo conforto e qualidade de vida da população que a ocupa, sendo, portanto, um sistema de sistemas, definido e concebido caso a caso. Pensando no território brasileiro, não há como achar que tornar São Paulo inteligente seja colocar semáforos sincronizados nos grandes corredores de tráfego ou monitorar as áreas de enchente. Há muitos problemas anteriores: déficit habitacional, pobreza, concentração de populações em áreas de infraestrutura precária, crianças fora das escolas, criminalidade e tantos outros.

A Engenharia da Complexidade contém em sua proposta a integração de todos esses fatores, formando os chamados sistemas de sistemas. Essa forma de pensamento melhora a eficácia das soluções, mas, como toda solução, é incompleta, pois jamais poderemos ter um saber total: "a totalidade é a não verdade". Trata-se de enfrentar um emaranhado de inter-rrelações e realimentações, a incerteza e a contradição usando as ferramentas conceituais já desenvolvidas e as novas, emergentes de diferentes e inovadoras linhas de raciocínio. Conciliar unidade e diversidade, continuidade e rupturas é tarefa do pensamento complexo, que, semelhante aos sistemas lógicos, é incompleto.

Engenharia de Dados

Diante do novo panorama da engenharia no século XXI, parece que as diversas modalidades, uma vez unidas em estudos integrados, tornam imprescindível o projeto e concepção de bancos de dados, não no sentido convencional de acúmulo de "bits", mas no sentido de seu bom uso e de facilidade de acesso. Assim, desenvolvem-se, diariamente, novas técnicas relacionadas com a modelagem de bancos de dados e administração de recursos de armazenamento e gerenciamento de dados, requerendo conhecimento de "hardware" e "software" de sistemas computacionais, com toda a gama possível de capacidades.

Surge, então, a Engenharia de Dados, com a finalidade de conceber, especificar, analisar, desenvolver, implementar, adaptar e manter sistemas de bancos de dados voltados às necessidades de instituições de pesquisa ou ensino, indústrias ou empresas de diversos ramos, cujas demandas por esses sistemas passam a ser cada dia mais expressivas. Além disso, é essencial o estabelecimento de uma visão crítica das atuais técnicas e métodos relacionados com a tecnologia de bancos de dados e com condições de apresentar e conduzir mudanças que proporcionarão bens e serviços com uma elevada qualidade.

Ilustração de *cluster* computacional[8].

Para tanto, novos requisitos são necessários para os novos profissionais dessa atividade: conhecimento abrangente das atividades inerentes à engenharia e administração de bancos de dados (interdisciplinaridade); postura ética como cidadão e profissional, sustentada pela consciência de uma responsabilidade no contexto amplo e individual, uma vez que terão acesso a informações de todos os níveis – aparece, então, a grande importância da honestidade e retidão de comportamento. Dados privilegiados de pessoas físicas e jurídicas passarão a ser de mais fácil acesso, bem como informações relativas a ações governamentais. Tratá-los com conhecimento técnico e responsabilidade faz parte da engenharia de dados.

Assim terminamos nossa viagem que começou na pré-história, passou pela Antiguidade, pelo Renascimento, pelo século XX, chegando ao século XXI com recursos tecnológicos quase ilimitados, mas com necessidade premente de conservar nosso planeta, deixando um legado positivo para as futuras gerações.

8. Fonte: https://www.shutterstock.com/pt.

A Engenharia da Complexidade é, portanto, uma proposta de integração dos aspectos tecnológicos, econômicos, ambientais e sociais, formando o que se denomina sistema de sistemas[9]. Essa maneira de pensar aprimora a eficiência das soluções[10], entretanto, como toda solução é incompleta, a total previsibilidade é inalcançável. Afinal, citando Edgar Morin: "The totality is the non-truth"[11]. As soluções são redes de inter-relações e retroalimentações que enfrentam incertezas e contradições, usando tanto as ferramentas conceituais conhecidas como aquelas emergentes, provenientes de aprendizagem de máquinas e de novas linhas de pensamento. As conciliações unidade-diversidade e continuidade-ruptura no pensamento complexo, embora incompletas, criam um profícuo caminho para a engenharia, a serviço do ser humano e da vida no nosso planeta.

Referências

Bertalanffy, Ludwig Von. *General System Theory: Foundations, Development, Applications*. New York, George Braziller, 1968.

Kondepudi, Dilip & Prigogine, Ilya. *Modern Thermodynamics: From Heat Engines to Dissipative Structures*. 2. ed. Sussex, John Wiley and Sons, 2015.

Morin, Edgar. *Introdução ao Pensamento Complexo*. 5. ed. Porto Alegre, Sulina, 2005.

Zilbovicius, Mauro; Piqueira, José Roberto C. & Sznelvar, Laerte. "Complexity Engineering: New Ideas for Engineering Design and Engineering Education". *Anais da Academia Brasileira de Ciências*, vol. 92, n. 3, 2020.

9. L.V. Bertalanffy, *General System Theory: Foundations, Development, Applications*.
10. M. Zilbovicius, J.R.C Piqueira, L. Sznelvar, "Complexity Engineering: New Ideas for Engineering Design and Engineering Education", *Anais da Academia Brasileira de Ciências*, vol. 92, n. 3, 2020.
11. E. Morin, *Introdução ao Pensamento Complexo*.

CAPÍTULO 5

Ciência de Dados e Complexidade: Novas Ferramentas para a Saúde

Eduardo Mário Dias e José Roberto Castilho Piqueira

Introdução

A proximidade entre as ciências exatas e as ciências da vida, cada vez mais apurada e desenvolvida, tem trazido grandes progressos para os diversos campos da medicina, refletindo em consideráveis aprimoramentos no sistema médico-hospitalar de atendimento aos pacientes. Este capítulo aborda o tratamento médico-hospitalar como um sistema complexo, nele introduzindo as técnicas computacionais modernas para melhorar sua eficiência e precisão. Tudo isto é possível em virtude dos grandes avanços científicos e tecnológicos conquistados pela humanidade ao longo do século XX, que tiveram influência decisiva na área de saúde. Algumas ideias conceituais sobre sistemas complexos serão apresentadas, enfatizando-se o moderno uso das bases de dados e das técnicas de inferência a partir delas. Assim, sem a pretensão de realizar uma revisão de algoritmos disponíveis para organizar um sistema de saúde nos seus diversos níveis de complexidade, este capítulo tem o objetivo de apresentar um apanhado histórico-conceitual de tão candente área de conhecimento, enfatizando nichos que podem ser explorados pela engenharia para realizar inovações.

Começando por uma simples consulta: o médico já não precisa de uma porção de anotações manuais. Resultados de exames, atuais e anteriores, histórico de medicações, evolução de sinais e sintomas, todos a um toque de teclado e à disposição na tela. Mesmo que o paciente esteja saudável, a consulta recomenda exames que envolvem dosagem bioquímica, além de outros, relacionados com a obtenção de diversos tipos de imagens precisas. Todas essas ações, coordenadas pelo médico que acrescenta mais dados aos prontuários, indicam as ações farmacológicas ou cirúrgicas necessárias. No final do processo, chega-se, então, às farmácias: estas hoje são administradas por programas de controle de demanda, fundamentados em inteligência artificial, que permitem que os remédios estejam sempre disponíveis, sem estoques exagerados e desnecessários.

Quando é necessário, pacientes dão entrada em hospitais para tratamentos e cirurgia. É aí, então, que um mundo de interações complexas se desenrola. Os instrumentos de medição e de cirurgia proporcionam ações precisas nos mais diversos tipos de procedimento. A equipada sala de cirurgia tem, além disso, a temperatura, a umidade, a luminosidade e o suprimento de energia continuamente controlados. Sistemas de geração e distribuição de energia, de coleta de resíduos e incineração integrados e geridos para que não haja imprevistos durante os procedimentos, em geral, delicados.

Também admirável é o sistema de nutrição durante internações, com cada paciente tendo necessidades diferentes, integradas e consolidadas em uma mesma cozinha. Além disso, há a medicação e alimentação parenteral, recomendadas pelas equipes médicas, mas ministradas pelas equipes de enfermagem que cuidam da disponibilidade de cada item, durante todo o tempo. Todo este sistema de facilidades se encontra integrado dentro de um prédio que deve ser seguro, com elevadores sempre disponíveis, energia, ar e água controlados, com conforto térmico compatível com a necessidade de cada tipo de ambiente.

Conquistas Tecnológicas do Século XX e suas Relações com a Área de Saúde

Nesta seção apresentam-se as grandes conquistas tecnológicas do século XX, partindo daquela que foi a mais impactante, a chegada do homem à Lua, em 20 de julho de 1969. Neil Armstrong (1930-2012), primeiro homem a pisar na Lua, em palestra realizada na Academia Nacional de Engenharia dos Estados Unidos, em 22 de fevereiro de 2000, apresentou vinte itens, considerados por ele as grandes conquistas da engenharia do século XX. No que tange à área de saúde, sete deles se destacam e são abordados nesta seção: *1.* síntese de materiais de alto desempenho; *2.* tecnologia nuclear; *3.* lasers e fibras óticas; *4.* tecnologias biomédicas; *5.* processamento e análise de imagens; *6.* eletrodomésticos, ar-condicionado, refrigeração, rádio e TV; e *7.* internet. Tais conquistas serão apresentadas e contextualizadas nesta seção.

Neil Armstrong em selo comemorativo[1].

Considerando os materiais de alto desempenho, ligas metálicas com propriedades elétricas e mecânicas especiais, materiais cerâmicos e materiais semicondutores são pertinentes à construção de dispositivos cirúrgicos e clínicos de alta qualidade e durabilidade. No que concerne à energia nuclear, diferentemente do que popularmente se apregoa, tal tecnologia é de grande

1. Fonte: https://www.shutterstock.com/pt.

valia para o homem, não só na geração de energia como na fabricação de fármacos relacionados ao tratamento de doenças graves, além das tecnologias relativas a imagens médicas e odontológicas. Há, em todo o mundo, uma grande preocupação com o desenvolvimento dessas tecnologias indispensáveis no âmbito da saúde, principalmente tendo em vista que sua produção e uso requerem normas de segurança de alto rigor.

Lasers e fibras óticas constituem importante área de atuação dos físicos, que desenvolveram lasers potentes e altamente controláveis. Engenheiros eletrônicos e biomédicos conceberam, a partir deles, equipamentos hospitalares e odontológicos de grande precisão, hoje indispensáveis em clínicas e hospitais. Além disso, os lasers, aliados às fibras ópticas, mudaram o mundo da informação, criando redes de comunicação de dados que permitem a realização até mesmo de cirurgias a distância.

(A) Novos materiais: perfis especiais de aço.

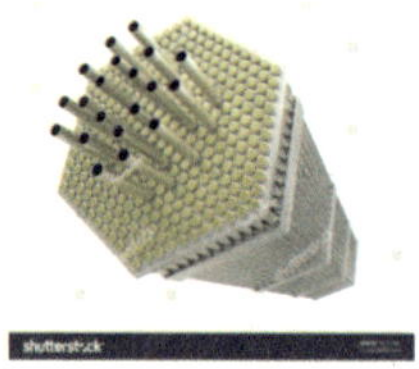

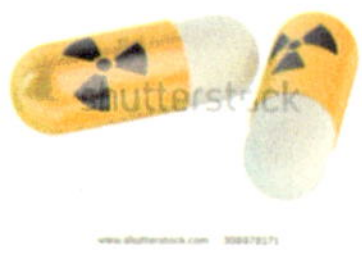

(B) Tecnologia nuclear: reator e fármacos.

(C) Feixe de laser controlável

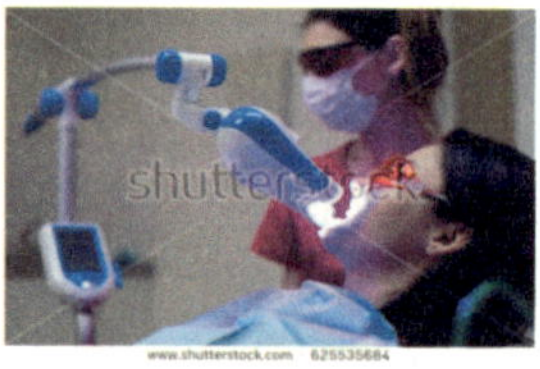

(D) Aplicação de laser na odontologia

Ilustração de avanços tecnológicos no domínio dos novos materiais, tecnologia nuclear e raios laser[2].

No que concerne a tecnologias biomédicas, os respiradores, tomógrafos, laparoscópios, equipamentos de ressonância magnética, instrumentos de me-

2. Fonte: https://www.shutterstock.com/pt.

dição e instrumentos cirúrgicos complementam e facilitam o trabalho dos profissionais de saúde. Materiais sofisticados para próteses e órteses são desenvolvidos por engenheiros mecânicos e de materiais, salvando vidas e recuperando funções perdidas por acidentes ou doenças. Atualmente, amplo sucesso está sendo obtido na construção de dispositivos, fundamentados em inteligência artificial, para a recuperação de funções perdidas por lesões medulares.

Resultados de exames não invasivos (tomografias, ultrassom, PET-scan) podem ser processados por sofisticados algoritmos de análise de imagem, que permitem diagnósticos precisos que fundamentam tratamentos mais assertivos. Para se obter tais avanços, a colaboração entre engenheiros de computação e biomédicos foi um fator-chave de sucesso. Os mesmos algoritmos invadiram a arte e o entretenimento, levando a uma precisão extrema do processamento digital de sinais aos dispositivos de fotografia e filmagem de uso corrente, também permitindo a troca de informação entre os profissionais de saúde por meio de seus dispositivos de comunicação.

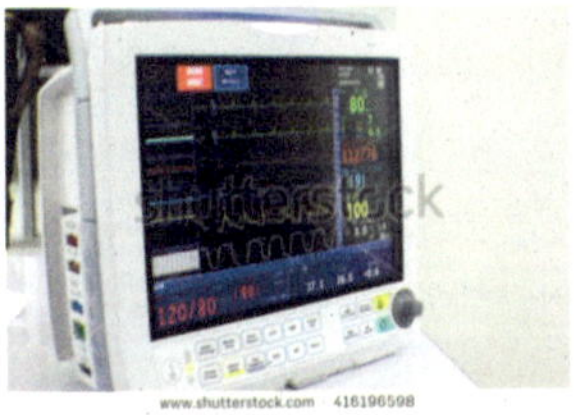

(A) Tecnologias biomédicas: equipamentos de respiração mecânica.

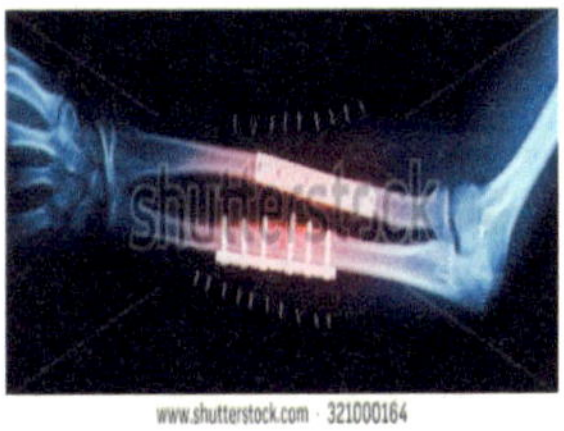

(B) Tecnologias biomédicas: implante de titânio em fratura óssea.

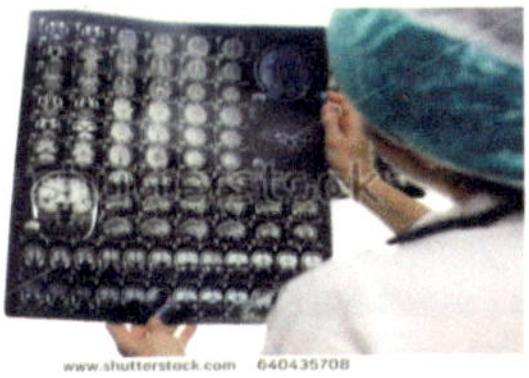

(C) Tecnologias de imagem: diagnóstico.

(D) Tecnologias de imagem: câmera fotográfica digital.

Ilustração de avanços tecnológicos no campo das tecnologias biomédicas e de imagem[3].

3. Fonte: https://www.shutterstock.com/pt.

Embora não sejam percebidos, eletrodomésticos (liquidificadores, batedeiras, fornos de micro-ondas, ventiladores, aparelhos de ar-condicionado, fogões sofisticados, aparelhos de TV, computadores pessoais, máquinas lavadoras de roupas e utensílios) fazem parte do mundo moderno, e é impensável viver sem eles em hospitais e clínicas de saúde, seja para higiene, entretenimento, conforto térmico, preparação de alimentos ou conservação de fármacos.

Iniciada como uma rede de computadores de uso militar e estratégico dos Estados Unidos (Arpanet), a internet mudou a vida das pessoas, proporcionando acesso ao mundo da informação em um simples apertar de botão. Engenheiros, físicos, matemáticos, cientistas da computação, biólogos, médicos, economistas, juristas, linguistas colocam o mundo do conhecimento à disposição de todos em websites, blogs e redes sociais. Relações de amizade se refazem, contatos com entes queridos distantes povoam o novo dia a dia das pessoas. Para a saúde, entidades públicas e privadas constroem seus bancos de dados, visualizando e cuidando da vida dos pacientes.

Configuração ilustrativa da internet[4].

Embora não percebamos com clareza, muitas das facilidades incorporadas ao cotidiano hospitalar mencionadas nesta seção tiveram origem nas viagens

4. Fonte: https://www.shutterstock.com/pt.

espaciais. Por exemplo, forno de micro-ondas, velcro, GPS e lentes de contato nasceram nas pesquisas aeroespaciais voltadas para as viagens tripuladas que se iniciaram nos anos 1960. Até mesmo o tratamento da osteoporose recebeu relevante contribuição provenientes da análise de tripulantes das viagens.

Ilustração da nave espacial que permitiu o cumprimento da missão denominada Apolo 13[5].

Sistemas Complexos e sua Contextualização na Área de Saúde

Nesta seção, são apresentados os pressupostos do pensamento complexo desenvolvido por Edgar Morin, cujos fundamentos são brevemente apresentados: sistemas abertos, emergência, inclusão da aleatoriedade e incompletude Gödeliana. A complexidade está presente em todos os níveis do trabalho na área de saúde: paciente individual e famílias são objeto de comportamentos complexos, assim como problemas vinculados à fisiologia, patologia e epidemiologia[6].

Considerar os sistemas relativos aos problemas de saúde como abertos é fundamental. Doenças são compostas de aspectos genéticos e comportamentais, mas têm fortes influências sociais originárias de interações nos diversos

5. Fonte: https://www.shutterstock.com/pt.
6. E. Morin, *On Complexity*, New Jersey, Hampton Press, 2008; L.V. Bertalanffy, *General System Theory: Foundations, Development, Applications*, New York, George Braziller, 1968.

ambientes, da família ao trabalho. Olhar para o paciente com esse enfoque integrado, hoje, é possível. Dados podem ser disponibilizados em grande qualidade e quantidade, permitindo análises diagnósticas e de tratamento cada vez mais apuradas.

Passando para o nível do hospital é que o enfoque de sistemas abertos fica ainda mais profícuo. Interações humanas de todo tipo regem o ritmo de trabalho e o bem-estar geral. Cozinha, estoque de medicamentos, conjuntos de prescrições, prontuários, escalas de trabalho, estados de pacientes parecem sistemas fechados e de dinâmica isolada, mas têm que ser vistos como abertos e interagentes, com aplicação constante de algoritmos de inteligência artificial. No nível epidemiológico há, atualmente, um grande desenvolvimento do uso das técnicas de análise de dados no dia a dia dos profissionais, considerando os principais modelos de propagação de doenças como sistemas abertos, fundamentados em trabalhos da primeira metade do século XX[7].

A presença de ruídos e distorções nos sinais utilizados na instrumentação médica é um problema relevante quando se trata de diagnósticos em medicina.

A teoria da informação, proposta por Claude Elwood Shannon (1916-2001), aliada ao conhecimento advindo do estudo de processos aleatórios, permitiu a realização de projetos de equipamentos bastante precisos para situações em que os sinais a serem processados são lineares. Entretanto, em fisiologia, nem sempre a linearidade pode ser considerada, implicando a necessidade de tratar problemas em que o princípio da superposição não se aplica.

A década de 1980 foi marcada pelo amplo uso de ferramentas computacionais em problemas envolvendo modelos passíveis de descrições por equações diferenciais não lineares, implicando a descoberta do fenômeno de caos determinístico[8]. Isto é, sistemas descritos por equações determinísticas podem apresentar comportamentos aparentemente aleatórios, devidos às não linearidades[9]. Ivar Ikeland, em sua clássica obra intitulada *O Cálculo e o Im-*

7. W.O. Kermack e A.G. McKendrick, "Contributions of Mathematical Theory to Epidemics", *Proceedings of the Royal Society of London*, Series A, *Mathematical and Physical Sciences*, vol. 115, pp. 700-721, 1927.
8. D. Kondepudi e I. Prigogine, *Modern Thermodynamics: From Heat Engines to Dissipative Structures*, 2. ed., Sussex, John Wiley and Sons, 2015.
9. J.R.C. Piqueira, *Não Linearidades: Da Dinâmica do Simples à Dinâmica do Complexo*, São Paulo, Trans-Form-Ação, 1994, pp. 143-150.

previsto[10], apresenta uma perspectiva histórica do pensamento humano que levou a esta configuração racional, partindo do início do século XX com os teoremas de Poincaré e chegando até a Teoria das Catástrofes, concebida em período mais recente.

Como os sistemas relacionados à vida apresentam alta complexidade, é preciso considerar nas questões relativas à medicina, os processos de auto-organização, fundamentais nos diversos níveis fisiológicos.

A tecnologia da informação, dentro desse contexto de interpretação de sinais biológicos como originários de sistemas complexos, tem contribuição relevante dada a possibilidade do tratamento preciso de grandes massas de dados e no reconhecimento de padrões usando metodologias de inteligência artificial. Além disso, pode-se pensar em trabalhos nas áreas de propagação de epidemias, imunização de populações e em diagnósticos precisos realizados à distância.

Assim, a consideração de que os sistemas a serem estudados são abertos, não lineares e auto-organizáveis, no contexto das ciências da saúde permite uma visão integrada entre o antropológico, o físico e o biológico. De fato, a Ciência da Complexidade contém em sua proposta a integração desses fatores, formando os chamados sistemas de sistemas. O pensamento complexo, embora abarque uma visão integrada dos sistemas conciliando unidade e diversidade, continuidade e ruptura, é incompleta[11].

Ciência de Dados

Como se pode observar, o cotidiano do século XXI está fortemente modificado pela tendência de integração entre as diversas áreas de conhecimento, exigindo capacidade computacional cada vez mais apurada. O barateamento e a miniaturização dos dispositivos de memória, aliados ao aumento da velocidade de processamento, criaram o que se convencionou chamar "Ciência de Dados", ubíqua na atividade humana.

10. I. Ikeland, *O Cálculo e o Imprevisto*, São Paulo, Martins Fontes, 1987.
11. J.R.C. Piqueira, "Complexidade Computacional e Medida da Informação: Caminhos de Turing e Shannon", *Estudos Avançados*, São Paulo, vol. 30, n. 87, pp. 339-344, 2016.

Assim, a ciência de dados trata da concepção, análise e desenvolvimento de sistemas para os diversos tipos de atividade humana, com forte ênfase aos modernos sistemas de saúde, permitindo diagnósticos precisos, ações rápidas e a distância, além de instrumentos de simples operação e alta sofisticação.

Parece uma maravilha do mundo moderno que um médico, com um instrumento parecido com um pequeno grampeador preso ao dedo de uma pessoa, meça ao mesmo tempo sua oxigenação e batimentos cardíacos. Essa maravilha se deve aos novos profissionais das diversas áreas que, ao combinar fisiologia e engenharia, concebem novos aparelhos e técnicas de análise para a preservação da vida.

Conclusões

Ao longo deste capítulo, foram apresentados conceitos gerais a respeito do uso das principais ferramentas tecnológicas nas áreas de saúde. A amplitude do assunto é tão grande que não há a pretensão de cobri-lo em um ensaio simples como este. Escolher soluções adequadas para cada problema depende de pesquisa multidisciplinar e da interação efetiva entre os profissionais de diversas especialidades.

Referências

Bertalanffy, Ludwig Von. *General System Theory: Foundations, Development, Applications*. New York, George Braziller, 1968.

Ikeland, Ivar. *O Cálculo e o Imprevisto*. São Paulo, Martins Fontes, 1987.

Kermack, William Ogilvy & McKendrick, Anderson Gray. "Contributions of Mathematical Theory to Epidemics". *Proceedings of the Royal Society of London*, Series A, *Mathematical and Physical Sciences*, vol. 115, pp. 700-721, 1927.

Kondepudi, Dilip & Prigogine, Ilya. *Modern Thermodynamics: From Heat Engines to Dissipative Structures*. 2. ed. Sussex, John Wiley and Sons, 2015.

Morin, Edgar. *On Complexity*. New Jersey, Hampton Press, 2008.

Piqueira, José Roberto Castilho. "Complexidade Computacional e Medida da Informação: Caminhos de Turing e Shannon". *Estudos Avançados*, São Paulo, vol. 30, n. 87, pp. 339-344, 2016.

______. *Não Linearidades: Da Dinâmica do Simples à Dinâmica do Complexo*. São Paulo, Trans-Form-Ação, 1994.

CAPÍTULO 6

Startups: Histórico e Elementos Catalisadores

Eduardo de Freitas Saorim

Introdução

"Startup" é um termo originado do idioma inglês (*start* = iniciar) que designa empresas novas, geralmente vinculadas a soluções tecnológicas inovadoras que atendem a necessidades prementes do mercado. No jargão desse segmento empresarial, a satisfação dessas necessidades constitui um alívio das "dores" do mercado. Pelo seu perfil de concepção e atuação, tais empresas exibem agilidade para desenvolver projetos e realizar entregas que garantem sua sobrevivência inicial, seguida de provável consolidação e crescimento. Embora tal palavra também possa ser usada para descrever negócios em fase inicial, este capítulo se atém a empresas de base tecnológica que são fruto de ambientes ("ecossistemas") que exibem características especiais.

Ecossistemas geradores de startups são espaços geográficos onde se encontram estabelecidos agentes que partilham uma cultura de inovação e empreendedorismo, conectadas por um contínuo fluxo de informações que constitui não somente sua sustentação, como o motor do seu crescimento. Assim, a proximidade física entre os agentes é um fator essencial para caracterizar a unidade de um ecossistema de startups. Tanto nos estudos do StartupBlink, *Global Startup Ecosystem Report 2020*[1] quanto no livro *Comunidades*

1. StartupBlink, *Global Startup Ecosystem Report 2020*, 2021 [s.l.].

de Startups, de Brad Feld[2], ressalta-se que um ecossistema tem o tamanho aproximado de uma cidade para permitir tais trocas entre os agentes, tanto em frequência quanto em quantidade e qualidade.

O estudo *Global Startup Ecosystem Report 2020*[3] ranqueou os países e cidades do mundo segundo seus ecossistemas, considerando-se quantidade, qualidade e resultado de suas startups. Observa-se uma notável e superior pontuação de São Francisco, Califórnia, o famoso Vale do Silício, em relação a qualquer outra localidade do mundo, inclusive a segunda colocada, também norte-americana, que é o ecossistema de Nova York. Assim, ao abordar o histórico das startups e seus elementos catalisadores, este capítulo tem como temática central o ecossistema do Vale do Silício, ressaltando as características que viabilizaram a formação desse notável berçário de startups. Através da análise dos elementos de sucesso desse ecossistema, tenta-se caracterizar o que seja uma cultura de startups, identificando-se elementos que poderiam ser replicados no Brasil.

Retrospectiva Histórica do Vale do Silício

O Vale do Silício é amplamente reconhecido como o berço dos ecossistemas de startups existentes no mundo de hoje. Mesmo com a disseminação de inúmeros novos ecossistemas, o Vale do Silício ainda concentra a maior produção de startups do mundo e este texto investiga os possíveis elementos que podem ter sido o segredo desta receita de sucesso. A história a seguir é um extrato, com foco nos aspectos culturais, da história do Vale do Silício que foi investigada e contada várias vezes por Steve Blank em palestras, e suas inúmeras referências podem ser encontradas em seu website[4].

2. B. Feld e I. Hathaway, *The Startup Community Way: Evolving An Entrepreneurial Ecosystem*, [s. l.], Wiley, 2020.
3. StartupBlink, *Global Startup Ecosystem Report 2020*.
4. S. Blank, *Steve Blank: Secret History*. Disponivel em: <https://steveblank.com/secret-history/#Secret%20History%20Backstory>. Acesso em: 9 maio 2021

Frederick Terman e o "Vale do Micro-Ondas"

A Segunda Guerra Mundial (1939-1945) foi a primeira guerra eletrônica. Até 1941, o exército britânico conseguia avançar a até dez milhas de seu alvo, porque o avançado sistema de radares alemães, integrado com a artilharia, constituía uma forte barreira para o avanço das forças britânicas. Neste mesmo ano, os EUA entram na Guerra ao lado da Inglaterra. Assim foi criado o Radio Research Lab (RRL), um laboratório ultrassecreto com oitecentos funcionários, liderado por Fredrick Terman na Universidade de Harvard. Esse homem é considerado o "Pai do Vale do Silício".

Durante 1941 e 1947, o Escritório de Pesquisa Científica e Desenvolvimento (OSRD – Office of Scientific Research and Development) do governo dos EUA distribuiu um orçamento total de 5,5 bilhões de dólares para universidades de pesquisa, sendo 450 milhões de dólares dedicados para pesquisa e desenvolvimento de armamentos, que foram assim repartidos: 117 milhões de dólares para o Massachusetts Institute of Technology (MIT), 83 milhões de dólares para a Caltech e aproximadamente trinta milhões para Harvard e Columbia. No entanto, coube à Universidade de Stanford apenas cinquenta mil dólares de investimento em P&D.

No pós-guerra, Fredrick Terman se torna o diretor da Escola de Engenharia de Stanford e, com sua visão sobre o passado, cria uma estratégia para não ficar sem dinheiro do governo para realizar P&D na Universidade. Estabelecendo o foco em micro-ondas e eletrônica, recrutaram-se onze membros do laboratório de guerra RRL de Harvard na função de professores e criou-se o Laboratório para Pesquisa em Eletrônica (ERL – Electronics Research Lab) para pesquisas não secretas em Stanford. Em 1946, foi assinado o primeiro contrato com o escritório de pesquisa Naval (ONR – Office of Naval Research) e em 1950 a Universidade de Stanford já era considerada o MIT do oeste dos EUA. De fato, até 1959, sete empresas já haviam sido criadas dentro de Stanford para o mercado de componentes para micro-ondas, assim iniciando a formação do Vale do Micro-Ondas para componentes eletrônicos.

No pós-guerra, ainda havia problemas a serem resolvidos para aprimorar o instrumental de defesa dos EUA. Por exemplo, os bloqueadores de frequência precisavam ser aperfeiçoados para fornecer mais potência e agilidade na mudança de frequência. Para solucionar tal problema, três empresas surgiram com a solução da Caixa de Ressonância de Micro-Ondas Sintonizadas por

Eletrônica (ainda que com suas respectivas limitações para o dado estágio de desenvolvimento). Outros problemas existentes eram com os receptores do tipo Elint (Electronic Intelligence), em que era necessário um único receptor dotado de larga faixa de banda (300Mhz-40Ghz), além de maior agilidade e precisão para sintonizar o sistema na frequência desejada. A solução apareceu com os Electronically Tunable Wideband Amplifiers.

Com a chegada da Guerra Fria e a Guerra da Coreia, a pesquisa secreta também chega em Stanford devido aos seus recentes desenvolvimentos tecnológicos, que eram cruciais para o sucesso das forças armadas dos EUA. O Laboratório de Eletrônica Aplicada (AEL – Applied Electronics Laboratory) é criado para pesquisas secretas em parceria com o complexo industrial militar. Tais atividades dobraram o tamanho do programa de eletrônica da Universidade. Com a ameaça nuclear posta pelos russos, novas tecnologias passam a ser críticas para o sucesso, e Stanford se torna o Centro de Excelência para CIA, NSA, Marinha e Força Aérea. Um laboratório de armamento com quatrocentas pessoas é criado no Departamento de Engenharia.

Em 1955, é criado o Laboratório de Engenharia de Sistemas (SEL – Systems Engineering Laboratory), mesmo ano em que Frederik Terman se torna reitor. Tal laboratório foi o resultado da junção dos dois antigos laboratórios ERL (não secreto) e AEL (secreto), resultando em oitocentos funcionários. O novo laboratório permitiu a aplicação imediata no mundo real de problemas de inteligência postos pela CIA, NSA, NRO e Força Aérea.

Ao ilustrar a evolução do Vale do Silício ao longo do tempo, a figura 1 evidencia a importância das pesquisas realizadas no âmbito de micro-ondas/setor de defesa (dos anos 1940 a meados dos anos 1950) que alavancaram e fizeram evoluir o escopo das pesquisas realizadas na instituição: circuitos integrados (1955-1970), computadores pessoais (1970-1990), internet (1985-2000) e redes sociais a partir do ano 2000. Notável nesta evolução é o papel desempenhado pelo governo dos EUA em contratos milionários que induziram enorme progresso tecnológico. Todavia, mais que recursos do governo, atitudes gerenciais tomadas por Frederick Terman ao assumir a reitoria da Universidade de Stanford fizeram a diferença. É o que será visto no próximo parágrafo.

Figura 1. Evolução Histórica do Vale do Silício[5]

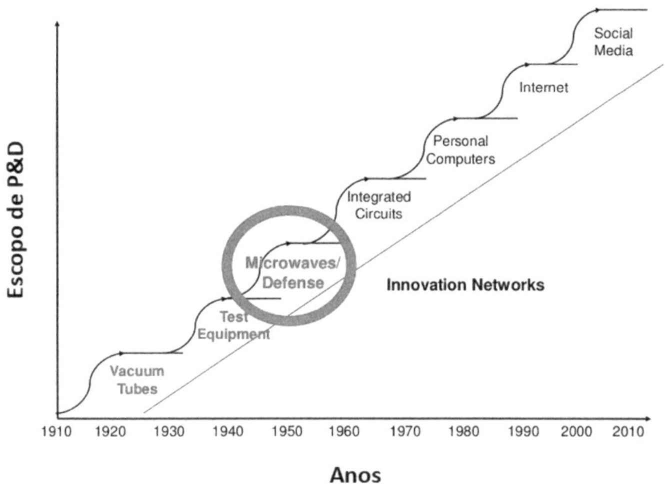

Ao assumir a reitoria da Universidade de Stanford, Frederick Terman toma decisões e implanta políticas que viabilizam a criação de um ecossistema composto pela indústria (fornecedores de equipamentos e dispositivos), militares (clientes) e a Universidade de Stanford. A universidade fazia pesquisa básica em eletrônica, o laboratório SRI realizava pesquisa aplicada, e empresas locais, muitas delas oriundas de iniciativas de alunos da própria universidade, fabricavam equipamentos para os militares. As estratégias de Terman, que consolidaram o ecossistema de startups hoje existentes nessa região, são resumidas na tabela 1. As consequências dessas políticas para a Universidade de Stanford foram: tornar-se referência para a guerra eletrônica e prototipação de Elint; atrair mais estudantes talentosos e clientes militares (posteriormente, também atrair o ecossistema de investidores privados); e balizar as pesquisas pelas necessidades dos clientes e não pelo meio acadêmico ou agências de fomento. Terman foi o primeiro defensor do conceito de "Desenvolvimento do Cliente".

5. S. Blank, *Secret History of Silicon Valley*, Computer History Museum. Youtube, 20 nov. 2008. Disponivel em: <www.youtube.com/watch?v=ZTC_RxWN_xo>. Acesso em: 9 maio 2021.

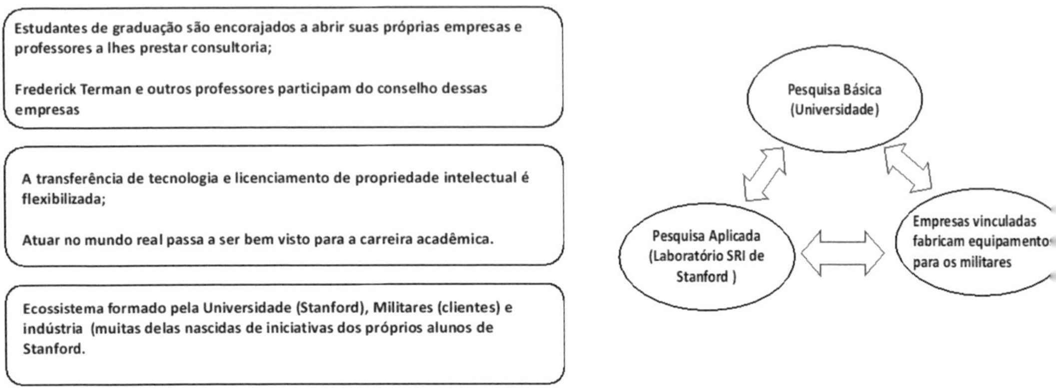

Políticas e decisões tomadas por Frederick Terman que levaram à criação do ecossistema composto pela indústria, clientes (militares) e a Universidade de Stanford.

Tabela 1. Estratégias de Frederick Terman que Consolidaram o Ecossistema de Startups Hoje Existente no Entorno de Stanford

Estratégias de Frederick Terman	Consequências Benéficas
Participar de todos os possíveis conselhos militares e das empresas criadas.	Construção de uma rede de relacionamentos com volume e qualidade.
Se o cliente aprovou o protótipo, encorajar estudantes a fundar uma empresa e fabricá-lo em escala.	Promoção do empreendedorismo e trabalho duro dos estudantes nos laboratórios da Universidade.
Inserir professores de Stanford (ou o próprio Terman) no conselho das novas empresas ou como consultor delas.	Aprimoramento das habilidades dos professores e pesquisadores em negócios, aprimorando sua formação profissional.
Fornecer às novas empresas espaço para instalação de seus escritórios no Parque Industrial de Stanford, garantindo que ficassem próximas.	Aumento de densidade do ecossistema.
Aceitar a falha ou insucesso de uma iniciativa.	Aprimoramento da cultura de inovação.

Surgimento do Vale do Silício: A Primeira Onda

O Vale do Silício propriamente dito surgiu com a invenção do transistor em 1955 por Willian Shockley, reconhecido como o "O Outro Pai do Vale do Silício", que funda a Shockey Transistor Corporation. Willian foi diretor da guerra antissubmarina da Marinha (1942-1943), chefe do treinamento de Bombardeio de Radares da força aérea dos EUA (1943-1945), vice-diretor e diretor de pesquisa do Grupo de Avaliação do Sistema de Armas do Departamento de Defesa, e coinventor do transistor, pelo qual recebeu Prêmio Nobel em 1956.

Anteriormente, em 1951, ele havia promovido a criação do Parque Industrial de Stanford (Stanford Industrial Park) que se iniciou com a mudança da Varian Associates em 1953 para o parque. A empresa Hewlet-Packard também transferiu sua sede mundial em 1956 para o mesmo parque, assim como a Lockheed, consolidando assim o Vale do Silício. Em apenas quatro anos a Lookheed alcançou vinte mil empregados (enquanto a HP só tinha três mil empregados). A corrida espacial havia iniciado, impulsionando a fabricação de mísseis e satélites.

A empresa de Willian Shockey (Shockey Transistor Corporation) não dá certo e alguns de seus cérebros (chamados de "Os Oito Traidores") deixam a empresa para fundar a Fairchild Semiconductor, a primeira startup investida com capital de risco. Posteriormente, dois deles, Noyce e Moore deixam a Fairchild para iniciar a Intel e, nos próximos vinte anos, outras 65 empresas de desenvolvimento de chips são criadas tendo como origem pessoas dessas empresas. Um efeito em cascata admirável. Em 1966, inicia-se a Guerra do Vietnã, também uma guerra eletrônica. Em 9 de abril de 1969, quatrocentos estudantes ocupam o AEL e acabam com a "pesquisa secreta" em Stanford, indicando o início de uma nova era.

O Surgimento do Capital de Risco Privado

Em meados dos anos 1950, a guerra e a pesquisa militar deixam de ser o principal motivador do desenvolvimento desse ecossistema. Neste momento, a economia já estava mais previsível e o sistema legal mais estável, e então o Vale do Silício passa a atrair atenção do sistema financeiro. Em 1956 inicia-se a primeira oferta pública de ações das empresas do oeste dos EUA com a Varian, depois seguida pela HP em 1957. Dessa maneira, a crise gerada pela guerra cede lugar ao lucro gerado por aplicações na Bolsa de Valores. Um pouco antes, em 1946, o primeiro investimento com dinheiro de investidores individuais ("Family Money") foi realizado por J. H. Whiney em empresas. Outros investimentos surgem com a família Rockfeller em 1958, após as primeiras ofertas públicas de ações. Assim, inicia-se a entrada de investidores individuais no mercado de investimento de risco (Venture Capital).

A partir de então, apesar de percentualmente insignificante em relação ao total investido em P&D em defesa pelo governo dos EUA, o valor investido como capital de risco em empresas do ecossistema começou a crescer exponencialmente. No início, os investidores cobravam juros de 20% ao ano e 2% para administração. Em 1978 o retorno dos investimentos atingiu até 49,5% ao ano. Assim iniciou-se o processo de estruturação do capital de risco que começou com os sócios limitados (por exemplo: fundos de pensão, universidades particulares, indivíduos ricos) e os fundos de investimentos gerenciados por profissionais[6].

Parques Tecnológicos, Incubadoras e Aceleradoras como Catalisadores de Ecossistemas

De uma forma geral, parques tecnológicos, incubadoras e aceleradoras são agentes catalisadores essenciais para o ecossistema empreendedor e de startups. Cada um tem suas peculiaridades e muitas vezes se misturam. Como anteriormente mencionado, o conceito de parque industrial já existia em 1951 em Stanford; o conceito de incubadora, por sua vez, iniciou-se em 1959 em Nova York, como vem detalhado a seguir. Já o conceito de aceleradora de empresas somente surge em 2005.

Como os parques tecnológicos ou industriais não seguem um padrão específico além de consistirem em espaços para empresas alocados em lugares estratégicos como, por exemplo, nas proximidades de universidades; vamos nos aprofundar apenas nos conceitos de incubadoras e aceleradoras.

6. S. Blank, *Secret History of Silicon Valley*.

Incubadoras de Empresas

Também importante para o ecossistema de startups foi o surgimento de incubadoras de empresas. Note-se que estamos falando de incubadoras de empresas e não necessariamente de startups. Ao longo dos anos, diversos modelos têm sido testados e novos modelos continuam surgindo. Algumas incubadoras são especializadas em setores, mercados, em tipos de tecnologia, em parcerias com universidades, entre outros.

O conceito de incubação de empresas surgiu em 1959 nos EUA, quando Joseph Mancuso abriu a Batavia Industrial Center em um armazém situado na cidade de Batavia, NY, em resposta à alta taxa de desemprego[7]. O processo de incubação se expandiu na década de 1980 nos EUA e logo se espalhou pelo Reino Unido e Europa em vários formatos diferentes: centros de inovação, polos de pesquisa, parques tecnológicos etc. Números no site da International Business Innovation Association apontam que havia cerca de 1.400 incubadoras em 2016 apenas nos EUA. Estima-se que no mundo existam mais de sete mil incubadoras[8].

As incubadoras de empresas têm um papel fundamental em fornecer o apoio necessário para tirar ideias do papel em estágio muito inicial. O processo de incubação pode levar vários anos, o que é muito frequente em incubadoras tecnológicas. Por isso, nenhum percentual de participação societário é requerido em incubadoras. De acordo com a Anprotec, a incubadora de empresas tem o objetivo de oferecer suporte a empreendedores para que eles possam desenvolver ideias inovadoras e transformá-las em empreendimentos de sucesso. Para isso, se oferecem infraestrutura e suporte gerencial, orientando os empreendedores quanto à gestão do negócio e sua competitividade[9].

No Brasil, a incubação de empresas surgiu por iniciativa do Prof. Lynaldo Cavalcanti como o presidente do CNPq, resultando na criação de cinco fundações tecnológicas: São Carlos (SP), Campina Grande (PB), Manaus (AM), Porto Alegre (RS) e Florianópolis (SC). Após implantação da ParqTec – Fundação

7. K. Kilcrease, "The Batavia Industrial Center: The Hatching of the World's First Business Incubator", *New York History*, vol. 93, n. 1, pp. 71-93, winter 2012.
8. InBIA.org, "Numbers of US Entrepreneurship Centres by Type". Disponivel em: <https://inbia.org/wp-content/uploads/2018/08/NumberofECsimage.jpg?x62369>. Acesso em: maio 2021.
9. Anprotec, *Mapeamento dos Mecanismos de Geração de Empreendimentos Inovadores no Brasil*, [s. l.], 2019

Parque de Alta Tecnologia de São Carlos (em dezembro de 1984), começou a funcionar a primeira incubadora de empresas do Brasil e também a mais antiga da América Latina, com quatro empresas nela instaladas. Nessa década quatro incubadoras foram constituídas no país, nas cidades de São Carlos (SP), Campina Grande (PB), Florianópolis (SC) e Rio de Janeiro (RJ)[10].

Apesar da inauguração das primeiras incubadoras brasileiras, estas somente se consolidaram como meio de incentivo para atividades de produção tecnológica a partir do Seminário Internacional de Parques Tecnológicos, realizado em 1987 no Rio de Janeiro. Nesse mesmo ano, surgia a Associação Nacional de Entidades Promotoras de Empreendimentos de Tecnologias Avançadas (Anprotec), que passou a representar não só as incubadoras de empresas, mas todo e qualquer empreendimento que utilizasse o processo de incubação para gerar inovação no Brasil[11]. De acordo com a Anprotec, foram identificadas 405 incubadoras no Brasil atual, estando apenas 363 ativas[12]. A evolução do número de incubadoras no Brasil no intervalo de tempo entre 1980 e 2019 é ilustrada na figura 2.

Figura 2. Data de fundação das 118 incubadoras brasileiras que responderam à pesquisa realizada pela Anprotec.

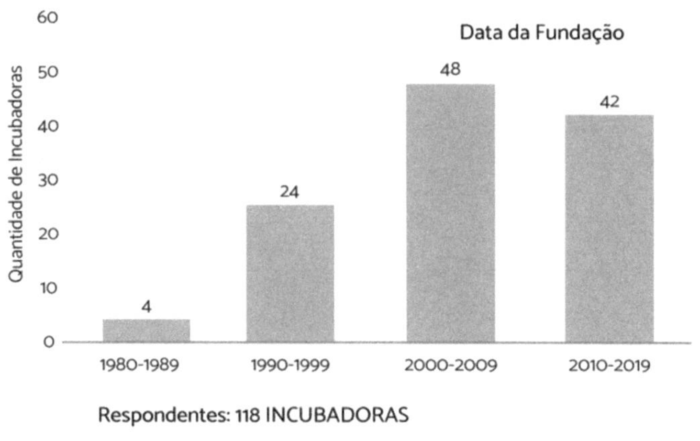

10. Fundação Parque de Alta Tecnologia de São Carlos. Disponivel em: <https://parqtec.com.br/quem-somos/>. Acesso em: 23 maio 2021.
11. Anprotec, Associação Nacional de Entidades Promotoras de Empreendimentos Inovadores. Disponivel em: <https://anprotec.org.br/site/sobre/>. Acesso em: outubro 2021.
12. Anprotec, *Mapeamento dos Mecanismos de Geração de Empreendimentos Inovadores no Brasil.*

Aceleradoras de Startups

As aceleradoras de startups surgiram como um tipo particular de incubadora. Em geral possuem um processo com tempo determinado e curto com o objetivo de transformar uma ideia em uma empresa inovadora e escalável tendo como base o uso de tecnologia[13].

Aceleradoras são entidades jurídicas (com ou sem fins lucrativos) dedicadas a apoiar o desenvolvimento inicial de novos negócios inovadores (startups), por meio de um processo estruturado, com tempo determinado, que inclui a seleção, a capacitação, as mentorias, as oportunidades de acesso a mercados, a infraestrutura e a serviços de apoio, além do aporte de capital financeiro inicial (próprio ou de sua rede de investidores), em troca de uma possível participação societária futura nos negócios acelerados.

Em 2005, surge um novo conceito de incubadora de startups, quando Paul Graham e seus sócios decidiram criar a Y Combinator[14]. Em seguida, é fundada a TechStars, em 2006, tendo como um de seus fundadores o Brad Feld de que falaremos nos próximos parágrafos. Desde então, começaram a aparecer as primeiras aceleradoras nos mesmos moldes no Brasil e algumas incubadoras já existentes também incorporaram os novos conceitos de aceleração. No entanto, foi a partir de 2011, com a influência do livro *Startup Enxuta*[15], que se consolidou, democratizou e popularizou o conceito de startup. A partir de então, a fundação de aceleradoras começou a se acentuar, conforme ilustra a figura 3.

A principal diferença entre o velho e novo conceito de aceleradoras de startups reside na introdução de uma participação acionária em troca de apoio envolvendo investimento, mentoria, treinamento e conexão com outros agentes do ecossistema. O foco das aceleradoras também está na formação da cultura do time – eles consideram que uma pessoa não é o suficiente para lidar com o desafio de criação de uma startup que deverá se escalonar em tamanho, ou seja: crescer.

Números no website da International Business Innovation Association apontam que havia cerca de quinhentas aceleradoras em 2016 apenas nos

13. *Idem.*
14. www.ycombinator.com.
15. E. Ries, *Startup Enxuta*, São Paulo, Leya, 2011.

EUA[16]. No Brasil, foram identificadas 27 aceleradoras em 2019, de acordo com a Anprotec[17].

Figura 3. Ano de fundação das 29 Aceleradoras que responderam à pesquisa da Anprotec[18]

O Surgimento da Startup Enxuta

O conceito de aceleração de empresas surgiu em 2005 como uma necessidade do investimento de risco para aumentar a taxa de sucesso dos investimentos em novos empreendimentos. Nesse momento, tal cultura já estava funcionando no Vale do Silício e houve muitas tentativas de criar teorias para explicar o sucesso de tal ecossistema na tentativa de replicá-lo mundo afora.

Desenvolvimento do Cliente

Em setembro de 1999, Steve Blank, também conhecido como o "Padrinho das Startups", decide-se aposentar após 21 anos empreendendo. Ao longo de sua trajetória, ele criou oito empresas, sendo quatro delas de capital aberto. Então Steve se torna professor em reconhecidas Universidades, como U. C. Berkeley, Stanford, Columbia, NYU, UCSF e Imperial College, onde consolida a teoria de

16. InBIA.org, "Numbers of US Entrepreneurship Centres by Type".
17. Anprotec, *Mapeamento dos Mecanismos de Geração de Empreendimentos Inovadores no Brasil*
18. *Idem.*

sua prática que chamava de "Desenvolvimento do Cliente" (Customer Development) e que já colocava em prática desde 1990. Assim ele passa a ajudar seus alunos a criar novas empresas de sucesso.

Steve imaginou que ninguém se interessaria em ler todas as memórias que estava escrevendo sobre sua experiência com startups, mas percebeu que havia um padrão que se repetia em determinando sucesso ou fracasso. Foi assim que o então professor de empreendedorismo e investidor de cerca de trinta startups publicou o seu primeiro livro, *The Four Steps to the Epiphany*[19], em 2005. Nesse livro, Steve diz acreditar que muitos empreendedores e investidores de risco se preocupam com a tecnologia primeiro e depois em conseguir uma oferta pública ou venda. Na prática, ele sugere perguntar ao cliente se um produto seria realmente necessário, começar pequeno e focar na sustentabilidade do negócio.

Em resumo: "saia do prédio" e trabalhe baseando-se em hipóteses, valide constantemente e gradualmente suas hipóteses com os clientes de forma sistemática. Steve havia identificado que ainda faltava uma teoria para criação de empresas em ambientes de extrema incerteza, apesar da teoria geral para estruturação e crescimento de empresas estar bem consolidada. Nesse estágio inicial, tanto a teoria quanto a cultura necessária para o sucesso se diferem e até conflitam com a teoria geral da administração. Neste contexto, é válida a sentença de Steve Blank: "Os planos de negócios não sobrevivem ao primeiro contato com o mercado".

A Startup Enxuta (The Lean Startup)

Diversos livros têm sido publicados nesta temática, mas o primeiro que se tornou referência e constitui leitura obrigatória nos dias de hoje é *Startup Enxuta* (*The Lean Startup*), publicado por Eric Ries em 2011[20]. O livro iniciou na forma de um blog, em 2008[21], criado por Ries enquanto consolidava os conceitos de Steve Blank e outros durante a criação de sua startup IMVU, a qual Steve Blank também ajudava.

19. S. Blank, *Four Steps to the Epiphany*, [s. l.], [s. ed.], 2005.
20. E. Ries, *Startup Enxuta*.
21. E. Ries, *Startup Lessons Learned*, 2008. Disponivel em: <http://www.startuplessonslearned.com/2008/09/lean-startup.html>. Acesso em: 12 maio 2021

Em *Startup Enxuta*[22], Eric Ries consolida diversas teorias, entre elas o "Desenvolvimento do Cliente" de Steve Blank; conceitos do *Lean Manufacturing* da Toyota para criar mais valor e eliminar práticas que geram desperdícios; e conceitos de gestão ágil desenvolvidas para software e aplicados às startups. A base do conceito está na execução de ciclos curtos e iterativos que passam pelas fases de "Construir", "Medir" e "Aprender" que são executadas para identificar e minimizar as incertezas sobre o mercado, produto e modelo de negócio. Idealmente, aplicando-se essa metodologia, acelera-se a validação de hipóteses sobre o plano de uma nova empresa, otimizando o uso dos recursos nessa validação e construção do plano. Assim, com um modelo de negócios validado, pode-se escalar rapidamente uma startup de forma consistente até se tornar uma grande empresa com maiores chances de sucesso e sem desperdício de dinheiro. Também se pode dizer que se trata de uma nova teoria da administração para modelar empresas em ambientes de extrema incerteza, onde as teorias tradicionais da administração não funcionam com eficácia.

Business Model Canvas (BMC) e Canvas da Proposta de Valor (CPV).

Complementando a base teórica de startups, não se pode deixar de mencionar o surgimento do Canvas para modelos de negócio (Business Model Canvas – BMC) e o Canvas Proposta de Valor (CPV) que tiveram um grande impacto na administração de startups.

O BMC surgiu em 2004, quando Alexander Osterwalder defendeu sua tese de doutorado após contato com centenas de empreendedores ao redor do mundo. Sua contribuição maior foi a de resumir o plano de negócio, composto por nove elementos essenciais (Parceiros-Chave, Atividades-Chave, Custos, Recursos-Chave, Proposta de Valor, Relacionamento com o Cliente, Canais, Fontes de Receita, Segmento de Clientes) em uma única folha. Com base nesse estudo, ele publicou cinco anos depois o livro *Business Model Generation*[23]. Outra vantagem do BMC é criar um "painel de controle" dinâmico que inicia com um mapa de hipóteses mais simples e, à medida que os ciclos de experimentos (Construir, Medir e Aprender) vão ocorrendo, o Canvas vai se

22. E. Ries, *Startup Enxuta.*

23. A. Osterwalder e Y. Pigneur, *Business Model Generation: Inovação Em Modelos De Negócios*, [s. l.], Alta Books, 2011.

consolidando em um modelo de negócios validado. A aplicação do BMC ainda permite uma rápida identificação e avaliação de "Arquétipos" de tipos de negócios que são frequentemente replicáveis. Na prática, isto facilita o acesso e simplifica a análise de diferentes modelos de negócios, que podem ser testados e alterados rapidamente, facilitando a compreensão geral do negócio pelos envolvidos.

Em 2019, Alexander e Yves[24] introduzem o modelo chamado de Canvas Proposta de Valor (CPV), que é baseado nas necessidades prementes ("dores") do cliente e seus ganhos ("alívio da dor", adição de valor ao seu próprio negócio) ao comprar algum produto ou contratar algum serviço oferecido pelo proponente. O CPV reforça a teoria de "Desenvolvimento do Cliente" usada para detalhar a Proposta de Valor.

Comunidades de Startup e Sistemas Adaptativos Complexos

O que faz com que um ecossistema de startups gere mais valor do que outros é uma questão que muitos tentaram desvendar. Brad Feld foi uma dessas pessoas que, enquanto morou na cidade de Boulder, CO, identificou um relativo sucesso em seu ecossistema, apesar do pequeno tamanho, quando comparado a outros. Brad Feld é um empreendedor de risco (cofundador da empresa de investimento Foundry Group) e também cofundador da aceleradora de startups Techstars, a segunda aceleradora a surgir no mundo e sempre tida como uma das três maiores do planeta. Com base nessa vivência em Boulder, Brad escreveu o livro intitulado *Startup Communities: Building an Entrepreneurial Ecosystem in Your City*[25], em que apresenta uma teoria ("A Tese de Boulder") para explicar a maior eficácia de seu ecossistema. Ela se baseia na existência de três entidades cruciais: Líderes, Alimentadores e Instigadores. Líderes ou empreendedores são pessoas dotadas de experiência e sucesso na criação de startups; Alimentadores são instituições ou corporações que apoiam a criação de comunidades de startups: universidades, órgãos do governo, ONGs ou

24. A. Osterwalder e Y. Pigneur, *Value Proposition Design: Como Construir Propostas de Valor Inovadoras*, [s. l.], [s. ed.], 2019; "Canvas Proposta de Valor", *Strategyzer*. Disponivel em: <https://www.strategyzer.com/hubfs/Blog/value-propositon-1.png#keepProtocol>.

25. B. Feld, *Startup Communities: Building an Entrepreneurial Ecosystem in Your City*, [s. l.], [s. ed.], 2012.

empresas; Instigadores são indivíduos que trabalham para o sucesso dos Alimentadores, podendo ser empreendedores ou não.

De acordo com a Tese de Boulder, problemas com comunidades de startups acontecem quando há desequilíbrio em alguma das três entidades envolvidas. Como exemplos, podemos citar: comunidades compostas por menos de cinco Líderes; ausência de Instigadores na liderança de organizações que exercem controle excessivo sobre uma comunidade; Alimentadores que injetam somente dinheiro. Além disto, a Tese de Boulder estabelece princípios que norteiam o sucesso de comunidades de startups.

Figura 4. Princípios que Promovem o Sucesso de Comunidades de Startups[26]

- **Empreendedores precisam liderar a comunidade de startups**
- **Líderes devem se comprometer a longo prazo com a Comunidade**
- **A Comunidade deve ter abertura para aceitar quem queira dela participar**
- **A Comunidade precisa ter atividades contínuas que engajem toda a cadeia empreendedora.**

Após cinco anos de existência, a "Tese de Boulder" ajudou na criação de alguns ecossistemas de startups. Todavia, como seu autor acreditava que algo poderia ser melhorado, postulou que comunidades de startups são sistemas complexos adaptativos[27], e deveriam ser fomentados e gerenciados como tais.

26. *Idem.*
27. B. Feld e I. Hathaway, *The Startup Community Way: Evolving An Entrepreneurial Ecosystem*; E. Parsons, "The Startup Community Way: Brad Feld Decodes Complexity", *Computer History Museum*

Uma vez que comunidades de startups (ecossistemas) se comportam como sistemas complexos adaptativos, podemos concluir que estão em constante mudança e adaptação, podendo assumir várias formas ao longo do tempo. No entanto, tais ambientes possuem características dominantes em função de suas particularidades. Como cada comunidade é propensa a gerar startups que operam dentro de um determinado nicho, é informativo agrupar ecossistemas nas categorias sumarizadas na tabela 2, que também são chamadas de arquétipos de ecossistemas de startups.

Tabela 2. Arquétipos de Ecossistemas de Startups[28]

Arquétipos	Características	Exemplos
Novas tecnologias	*First movers* de atuação local ou global	Vale do Silício, Boston, Seattle
Núcleos de negócios globais	Businness Centers	Nova York, Londres, Singapura
Geração de P&D	Desenvolvimento de tecnologia	Tel Aviv, Jerusalém, Estocolmo
Grandes mercados protegidos	Mercados protegidos	Pequim, Xangai, Jacarta
Cosmopolitas criativos	Abertura e qualidade de vida	Berlim, Melbourne

Análise dos Ecossistemas Brasileiros de Startups

Um estudo realizado pela Associação Brasileira de Startups (Abtartups) em conjunto com a empresa Deloitte[29] distribui as startups brasileiras por nichos de atuação. Os dez mais importantes nichos, que respondem por aproximadamente 56% das empresas, são listados na tabela 3, onde se destacam os setores de educação (11,5%), saúde e bem-estar (9,4%) e finanças (8,5%). Devido ao di-

(disponível em: https://computerhistory.org/blog/the-startup-community-way-brad-feld-decodes-complexity/).

28. *Rankings 2020: Top 100 Emerging Ecosystems.* Disponivel em: <https://startupgenome.com/article/rankings-top-100-emerging>. Acesso em: dezembro 2020.

29. Abstartups e Deloitte, *Mapeamento do Ecossistema Brasileiro de Startups*, [s. l.], 2021.

namismo do agrobusiness brasileiro e seu consequente protagonismo na economia nacional, ressalta-se o relativamente pequeno percentual de startups (5%) que atuam nesse setor, evidenciando grande potencial de crescimento.

Tabela 3. Dez Maiores Nichos de Atuação das Startups Brasileiras em 2021.

Nichos	Participação (%)
Educação (Edutech)	11,5
Saúde e Bem-Estar (Health e Life Science)	9,4
Finanças (Fintech)	8,5
Agronegócio (Agtechs)	5,0
Comércio eletrônico (E-Commerce e Marketplace)	4,8
Desenvolvimento de Softwares	4,5
Recursos Humanos e Recrutamento	3,7
Comunicação e Marketing	3,1
Construção Civil (Construtech)	3,0
Gestão	2,6
Total	56,1

Outro indicador interessante deste estudo é o Índice de Densidade Setorial de Startups (IDSS). Tal indicador é o resultado da divisão do número de startups de um segmento pelo número de empresas desse mesmo segmento, normalizando-se o resultado de modo tal que a média geral de todos os setores fosse igual à unidade. Os resultados são exibidos na figura 5, onde se destaca uma maior densidade de startups nos setores de atividades financeiras (IDSS = 3,91) e tecnologia da informação (IDSS = 3,65). Valores de IDSS inferiores à unidade (IDSS < 1) observados em setores dinâmicos e competitivos da economia brasileira indicam que há margem para crescimento.

Figura 5. Índice de Densidade Setorial de Startups (IDSS) no Brasil em 2021[30]

A Engenharia no Contexto de Startups

Para abordar a engenharia no contexto de startups, deve-se primeiramente falar de onde e quando o conhecimento e/ou habilidades dos engenheiros são importantes no ciclo de vida de uma startup. Para isso, é necessário entender quais são as fases pelas quais uma empresa deste tipo passará.

Fases da Criação de uma Startup

O objetivo desse texto não é o de ensinar como criar uma startup. Para isto, é mais recomendável seguir o programa de uma das inúmeras aceleradoras ao redor do mundo. Todavia, como a grande maioria delas segue uma sequência semelhante, devido à forte influência de Steve Blank e Eric Ries, podemos generalizar uma sequência de passos e ações, esquematizados na tabela 4. Também é importante observar que nessa tabela serão apresentadas algumas tendências e diretrizes, mas não regras. Muitas startups de sucesso fugiram

30. *Idem.*

muito desse processo, assim como diferentes metodologias sugerem processos diferentes. Uma das maiores causas de falha de uma startup é fazer um produto ou serviço de que ninguém precisa. Por isso o processo esquematizado na tabela 4 deve ser seguido para garantir que exista mercado para essa nova empresa, evitando-se que o empreendimento seja criado com base na paixão por um produto ou tecnologia e não por uma real necessidade do mercado.

Onde Entra o Conhecimento Técnico?

Talvez seja esta a pergunta que o leitor esteja fazendo agora. E na verdade não existe uma resposta certa. A tecnologia pode entrar em qualquer fase ou até ser o diferencial no negócio. De fato, a tecnologia é uma grande catalisadora de todo o processo e por isso os engenheiros se destacam na criação de startups. O engenheiro de sucesso na criação de uma startup é aquele que sabe aplicar a tecnologia de forma eficaz ao longo da jornada do empreendimento.

Tabela 4. Passos e Ações para a Criação de Startups

Passos	Ações Características
1º Passo – Identificação do Problema	Interações (entrevistas, worshops, testes de protótipos) com potenciais clientes para identificação e caracterização do que precisa ser resolvido, assim como verificar se os clientes realmente demandam determinado produto ou serviço.
2º Passo – Desenvolvimento do Produto	Com base na caracterização do problema, realiza-se o desenvolvimento de solução (produto) capaz de solucioná-lo. Sempre que possível, é importante envolver os usuários desde a fase de protótipo até o produto final.
3º Passo – Validação do Produto pelo Usuário	Uma vez desenvolvida uma solução, faz-se necessário validá-la com usuários, verificando se o produto atende a outros clientes ou nichos de mercado. Essa fase geralmente termina quando é identificado o famoso encaixe produto-mercado ("product-market-fit") que tende a gerar um crescimento do interesse pelo produto de forma exponencial.
4º Passo – Desenho do Modelo de Negócio	Eliminadas as incertezas, põe-se o foco da startup no modelo de negócio, buscando-se estruturar uma empresa que possa crescer em impacto e lucro de forma exponencial. Para isso já existem inúmeros modelos de negócios de startups que costumam ser replicados, mas precisam ser testados e estruturados na prática.

No ano de 2012, durante um dos eventos mais prestigiados de inovação e startups do mundo (SXSW), Rei Inamoto (CCO da empresa AKQA) mencionou que, "para rodar um time eficiente, são necessárias somente três pessoas: um Hipster, um Hacker, e um Hustler"[31]. Desde então, esses perfis nunca mais pararam de ser mencionados (pela mídia, investidores de risco, empresas) e utilizados para avaliar os times de startups.

Neste contexto, o produto seria concebido por um profissional com perfil de Hipster, desenvolvido pelo Hacker e comercializado pelo Hustler. Como o leitor pode verificar, o ambiente de startups desenvolveu uma semântica própria e bastante peculiar. Mais ainda, é importante observar que o Hipster não é um simples designer de produto, o Hacker não é um mero desenvolvedor e o Hustler não é apenas um vendedor ou homem de negócios. Se fossem os mesmos perfis, não seriam necessários outros nomes. Por outro lado, tais perfis mencionados têm bastante em comum e, ao mesmo tempo que uma pessoa pode fazer bem mais de um papel, é praticamente impossível encontrar uma única pessoa que possa desempenhar os três papéis satisfatoriamente

Por essa razão, a maioria das aceleradoras foca muito na formação do time fundador da startup, onde engenheiros poderiam certamente operar dentro dos três perfis profissionais (hipster, hacker, hustler). Todavia, aqueles de perfil puramente técnico melhor se encaixariam na figura do hacker (obviamente, dentro da conotação particular de Rei Inamoto). Também é importante notar que o hacker sozinho não será capaz de criar uma startup de sucesso, por isso é tão importante a conexão com elementos complementares como designers e pessoas de vendas, negócios, sem falar da experiência inestimável de quem já empreendeu e teve sucesso.

Considerações Finais

Embora recentes na história econômica mundial, as startups têm sido protagonistas na entrega de inovações com agilidade e consistência. Grandes nomes e marcas, como Google, Amazon, Netflix, Uber, Nubank e tantas outras iniciaram sua trajetória como simples startups antes de atingirem a atual es-

31. University of Zurich, BioMed Entrepreneurship, "Hacker-Hipster-Hustler Concept". https://www.irem.uzh.ch/en/biomedentrepreneurship/BEI/hacker-hipster-hustler.html

tatura. Além disto, elas têm desempenhado papel de grande importância em processos de inovação aberta.

A criatividade dos engenheiros brasileiros sinaliza que existe diferencial para criação de startups de sucesso fortemente vinculadas à inovação no campo da engenharia (IOT, energia, desenvolvimento de softwares), mas temos visto mais a criação de unicórnios[32] concebidos para oferecer serviços ao mercado local. Portanto, é válido nos questionarmos sobre como poderíamos atuar, ou o que precisaria ser mudado em nosso ambiente (ecossistema) empresarial, para que mais startups de sucesso fossem criadas no Brasil e, após sobrevivência e crescimento, se tornassem corporações de classe mundial.

Referências

Abstartups & Deloitte. *Mapeamento do Ecossistema Brasileiro de Startups.* 2021.

Anprotec. *Mapeamento dos Mecanismos de Geração de Empreendimentos Inovadores no Brasil.* 2019.

Blank, Steve. *Four Steps to the Epiphany.* [S. l.], [s. ed.], 2005.

______. *Secret History of Silicon Valley.* Computer History Museum. Youtube, 20 nov. 2008. Disponivel em: <www.youtube.com/watch?v=ZTC_RxWN_xo>.

______. *Steve Blank: Secret History.* Disponivel em: <https://steveblank.com/secret-history/#Secret%20History%20Backstory>.

Feld, Brad. *Startup Communities: Building an Entrepreneurial Ecosystem in Your City.* [S. l.], [s. ed.], 2012.

______ & Hathaway, Ian. *The Startup Community Way: Evolving An Entrepreneurial Ecosystem.* [S. l.], Wiley, 2020.

Kilcrease, Kelly. "The Batavia Industrial Center: The Hatching of the World's First Business Incubator". *New York History*, vol. 93, n. 1, pp. 71-93, winter 2012.

InBia. "Numbers of US Entrepreneurship Centres by Type", 2018.

Osterwalder, Alexander & Pigneur, Yves. *Business Model Generation: Inovação Em Modelos De Negócios.* [S. l.], Alta Books, 2011.

______ & Pigneur, Yves. *Value Proposition Design: Como Construir Propostas de Valor Inovadoras.* [S. l.], [s. ed.], 2019.

Parsons, Emily. "The Startup Community Way: Brad Feld Decodes Complexity". *Computer History Museum*, 31 July 2020. Disponível em: https://computerhistory.org/blog/the-startup-community-way-brad-feld-decodes-complexity/.

32. Startups que chegam a valer (pelas medidas de valuation de empresas) um bilhão de dólares antes de seu IPO, ou seja, antes de terem capital aberto nas Bolsas de Valores. (N. da E.)

"Rankings 2020: Top 100 Emerging Ecosystems". Disponível em: <https://startupgenome.com/article/rankings-top-100-emerging>.

Ries, Eric. *Startup Enxuta*. São Paulo, Leya, 2011.

______. "Startup Lessons Learned". 2008. Disponivel em: <http://www.startuplessonslearned.com/2008/09/lean-startup.html>.

StartupBlink. *Global Startup Ecosystem Report 2020*. 2021.

University of Zurich, BioMed Entrepreneurship."Hacker-Hipster-Hustler Concept". Available at: https://www.irem.uzh.ch/en/biomedentrepreneurship/BEI/hacker-hipster-hustler.html

CAPÍTULO 7

Contribuição da Embrapii na Promoção da Inovação Industrial no Brasil

Jorge Almeida Guimarães e Marcelo Cirne Lima Frey

Introdução

Diversos indicadores vêm mostrando que o desenvolvimento socioeconômico em diferentes países tem direta relação com o crescimento do PIB *per capita* usufruído pela população desses países. Por sua vez, a evolução deste indicador está diretamente associada ao desenvolvimento industrial. Como exemplo típico, dados dos EUA mostram um exponencial crescimento do PIB *per capita* por mais de 130 anos consecutivos; corrigida a inflação, este índice foi crescente, sendo de 2% ao ano no período 1880 a 2012[1]. Situação semelhante na correlação entre PIB *per capita* e atividade industrial é observada nos países com elevado nível de desenvolvimento social e qualidade de vida. Esta evolução resulta da participação de recursos humanos altamente qualificados formados, mundo afora, em conceituadas universidades que dão decisivo suporte aos avanços tecnológicos, em especial à inovação industrial.

Uma característica da atuação dessas universidades que obtêm elevada classificação nos rankings internacionais, compondo as chamadas Universidades de Classe Mundial, é a forte interação com o setor industrial. Neste contexto, vê-se que no Brasil este indicador recebe reduzida atenção pela

1. W. H. Press, "What's So Special About Science (And How Much Should We Spend on It?)", *Science*, vol. 342, n. 6160, pp. 817-822, 15 Nov. 2013.

maioria das nossas universidades, o que acaba pesando negativamente na composição dos parâmetros de avaliação das instituições nacionais nesses importantes rankings internacionais. Todavia, vale mencionar que o distanciamento empresa-academia que se observa no Brasil existe há várias décadas, podendo-se apontar duas circunstâncias históricas que contribuíram para configurar esse quadro.

Em primeiro lugar, destaca-se o atraso na implantação das universidades no Brasil, retardada por mais de quatro séculos, resultando na tardia implantação das atividades científicas no país. Constata-se, por exemplo, que quando a USP, nossa melhor universidade, foi criada em 1934, Harvard já tinha trezentos anos! Tal atraso prejudicou por anos a convivência da academia com a indústria. Em segundo lugar, constata-se que o Brasil abdicou, ainda no século passado, da adoção do modelo operacional da Tríplice Hélice caracterizado pelo conhecido e eficiente trinômio Governo-Empresa-Universidade. Esse modelo poderia ter sido implantado por adoção de políticas públicas adequadas, como ocorreu em diversos países mundo afora, gerando e estabelecendo a cultura positiva da interação universidade-empresa com decidida e substancial participação do Estado.

Um melhor entendimento do progresso científico e tecnológico nos conduz à origem deste contínuo processo evolutivo da humanidade. No seu famoso livro *Sapiens: Uma Breve História da Humanidade*[2], Yuval Noah Harari descreve que, nos últimos sete milênios, ocorreram na origem da evolução do conhecimento humano três importantes etapas evolutivas: *1.* a Revolução Cognitiva, iniciada há cerca de setenta mil anos, num período em que predominavam as preocupações dos Sapiens com os inexplicáveis fenômenos naturais – a evolução cognitiva alimenta e subsidia a história da própria humanidade; 2. a Revolução Agrícola, de doze mil anos atrás, que começou a acelerar os processos da utilização do conhecimento acumulado por nossos ancestrais para aplicações práticas; e finalmente a recentíssima 3. Revolução Científica, que começou há apenas quinhentos anos e que, cada vez mais, conduz a humanidade pelos acertos da ciência e da qual finalmente resulta a obrigatória convivência dos Sapiens com os dias atuais da plena era da sociedade do conhecimento.

2. Y.N. Harari, *Sapiens: Uma Breve História da Humanidade*, 34. ed., Trad. Janaína Marcoantonio, Porto Alegre, L&PM, 2018.

Embora menos valorizada por Harari[3], destaque-se a importância do advento da Revolução Industrial, fruto dos avanços da Revolução Científica, que exigiu profundas inovações na aplicabilidade dos conhecimentos científicos de então. Iniciada de forma pioneira na Inglaterra na segunda metade do século XVIII, a revolução na operação das fábricas quebrava o caráter essencialmente filosófico da ciência que era praticada, buscando sua aplicabilidade prática – e isto consolidou o surgimento da indústria. Então, já se buscava construir máquinas eficientes para melhoria da qualidade de vida das pessoas e a busca pelos recursos da natureza como novas fontes de energia, causando, no conjunto, grandes transformações no processo produtivo e nas relações de trabalho.

A consolidação do início dessa revolução é confirmada com a construção da primeira máquina a vapor e a utilização da tecnologia na produção da locomotiva a vapor, que possibilitou os grandes avanços do transporte ferroviário, no começo do século XIX. Na verdade, a convergência da ciência com a tecnologia se firmou ao longo do XIX. É nesse período que surge também a necessidade da proteção da invenção, advindo daí a promulgação da primeira lei de patentes em 1830, tal como a conhecemos hoje, que assegura ao inventor o uso exclusivo da descoberta por períodos de cinco a vinte anos. À época, o maior usuário individual da nova concepção de proteção ao inventor foi o legendário Thomas Edison, que criou o primeiro laboratório de pesquisa científica visando ganhos comerciais, chegando a acumular 2.332 patentes de invenção original[4].

Todavia, foi a partir da Segunda Guerra Mundial que a inovação passou a tomar as feições que hoje conhecemos e cujas raízes se vinculam ao conhecido conflito mundial. Em meados do ano de 1940, o futuro do mundo estava indefinido. Os alemães, com enorme poderio tecnológico e militar, dominavam a mobilidade aérea, terrestre e naval, ainda dispunham de poderosa capacidade de produção de bombas e completo domínio da capacidade de ataques aéreos. Num curto intervalo de tempo, dominaram a Holanda, a Bélgica, a França e impuseram à Inglaterra um estado de vida próximo à inanição. Os Estados Unidos, com uma competente, mas reduzida frota naval e uma força área ni-

3. *Idem.*
4. "List of Edison Patents", *Wikipedia*, disponível em: https://en.wikipedia.org.wiki/List_of_edison_patents.

tidamente inferiorizada em relação aos alemães e japoneses e com o sistema militar desprovido de equivalentes tecnologias, estavam despreparados para entrar na guerra e receosos de enfrentar o poderio da aliança Alemanha-Japão.

No dia 12 de junho de 1940, o Presidente Franklin Delano Roosevelt convida Vannevar Bush para visitar a Casa Branca e convence o ex-Vice-Presidente e ex-Diretor de Engenharia do MIT a encarar a tarefa de preparar os EUA para enfrentar o desafio da guerra em curso, com os inimigos já batendo à sua porta. Como experiente administrador, mas acima de tudo um visionário pela tecnologia, Bush aceita o convite, pede carta-branca para operar e escreve numa única página o plano de ação: montar um pequeno Comitê de Governo para enfrentamento da urgência da guerra. Criou então o National Defense Research Committee (NDRC) e o preencheu com cientistas, engenheiros, militares do mais alto nível e empresários. O sistema de pesquisa montado, constituído de vários laboratórios de pesquisa, contratou mais de trinta mil engenheiros, físicos e outros cientistas trabalhando em várias frentes tecnológicas.

Num intervalo de apenas quatro anos, com base nas novas tecnologias americanas desenvolvidas sob o comando do NDRC nos seus laboratórios, os Aliados comemoram uma decisiva vitória contra a Alemanha e o Japão. Os americanos perderam o medo da guerra, graças ao rápido desenvolvimento de tecnologias como o radar (até então inexistente e que foi o primeiro e mais importante instrumento capaz de detectar a presença dos inimigos); artefatos detonadores por aproximação física; armas mais eficientes; veículos anfíbios; aeronaves de alta performance; e, não menos importante, diversos mecanismos para limitar a infecção bacteriana com a produção das sulfas e da penicilina. Apesar da vitória consagrada, a rendição do Japão custou, infelizmente, o uso da bomba atômica para encerrar o drama da Segunda Guerra Mundial.

Em 1945, com a guerra vencida, Bush partiu para novo desafio e se perguntou: "o que vão fazer agora os cientistas, tendo acumulado tanto conhecimento? Ele mesmo responde: "fazer mais ciência e gerar novas tecnologias, financiadas pelo governo". Neste mesmo ano de 1945, escreveu seu famoso relatório com o título *Science: The Endless Frontier*[5], preparado para o Presidente Roosevelt. Nesse documento, Bush propôs que os Estados Unidos buscassem promover e impulsionar a interação da universidade com o setor

5. V. Bush, *Science: The Endless Frontier*, Washington, DC, United States Government Printing Office, 1945.

privado, objetivando o desenvolvimento de projetos com "financiamento governamental em larga escala, compondo um sistema capaz de aproveitar a máquina inovadora no pós-guerra, possibilitando salvar vidas, aumentar o padrão de existência das pessoas e criar empregos". Ao longo dos anos seguintes, a sugestão de Bush passou a ser regularmente implementada pelo governo americano em larga medida.

Estava assim instalado o ambiente cultural que constitui as bases para a hoje conhecida e vitoriosa Tríplice Hélice da inovação tecnológica: Governo-Empresa-Universidade, em largo uso no mundo desenvolvido. Embora já houvesse antes da Segunda Guerra Mundial avanços tecnológicos significativos, especialmente na Inglaterra com o desenvolvimento das locomotivas, ninguém duvida de que os avanços tecnológicos americanos em função da guerra, e vinte anos depois, com a Guerra Fria e a Corrida Espacial, possibilitaram aos EUA a liderança tecnológica mundial, hoje também disputada pela China.

Boa parte do relato acima foi extraída do recente e extraordinário livro publicado pelos dois economistas do MIT, Jonathan Gruber e Simon Johson, intitulado *Jump-Starting America: How Breakthrough Science Can Revive Economic Growth and the American Dream*[6]. Nesse livro, os autores relatam que os extraordinários avanços tecnológicos obtidos no enfrentamento ao desafio da Segunda Guerra mundial transformaram os EUA na maior potência econômica e tecnológica do mundo por vários anos. Como o título sugere, tendo se afastado dessa política pública nos últimos anos, os EUA foram perdendo sua liderança tecnológica isolada. Os autores fazem essa advertência e recomendam uma retomada de ações empreendedoras do modelo Bush pelo Estado Americano.

A partir dessa nova revolução operacional de apoio à C&T, a ampliação da cultura favorável à interação universidade-empresa foi se instalando pelo mundo. As grandes empresas, em vários países, passaram a ganhar mais destaque internacional e a intensificar o desenvolvimento interno de Pesquisa, Desenvolvimento e Inovação (PD&I). Também a partir daí, o Estado passa a ter um papel mais relevante, contribuindo para o desenvolvimento dos centros de pesquisas que colaborariam com as empresas. Desde então, a inovação industrial passa ser um tema de grande relevância no mundo, tanto para o governo

6. J. Gruber e S. Johnson, *Jump-Starting America: How Breakthrough Science Can Revive Economic Growth and the American Dream*, New York, Public Affairs/Hachette Book Group, 2019.

como para o setor privado, e obviamente para as universidades e instituições de ciência e tecnologia (ICTs) de maneira geral. Destaque-se, no entanto, que tais parcerias são também de interesse das empresas, uma vez que a inovação é motivada pela busca do lucro, e por isso mesmo seus projetos devem gerar vantagens competitivas. O *Manual de Oslo* completa este argumento:

> As empresas engajam-se em inovações em virtude de inúmeras razões. Seus objetivos podem envolver produtos, mercados, eficiência, qualidade ou capacidade de aprendizado e de implementação de mudanças. Identificar os motivos que levam as empresas a inovar e sua importância auxilia o exame das forças que conduzem as atividades de inovação, tais como a competição e a oportunidade de ingresso em novos mercados[7].

Assim, a contínua e crescente participação da indústria no volume dos investimentos em P&D impõe igualmente significativo apoio estatal, garantindo a participação do governo no investimento global em relação ao PIB doméstico. Destaque-se, com efeito, que o investimento em P&D vem crescendo continuamente nos países da OCDE e em vários outros mundo afora. A tabela 1 ilustra como em vários destes países ocorre a participação relativa do governo e do setor privado no financiamento à PD&I. Os dados de 2019 do Institute for Statistics da Unesco indicam claramente como a cultura da parceria governo-empresa foi estimulando a maior participação das empresas nestes investimentos e fez crescer a proporção do investimento em relação ao PIB nesses países.

Nos dados dos quinze países que aplicam pelo menos 2% do PIB em P&D, a participação empresarial alcança em média 68% do investimento total. Percebe-se também que o Estado mantém significativa e estimulante participação na promoção do investimento total às atividades científicas e de PD&I. Usualmente, os recursos governamentais aplicados cobrem também a formação de recursos humanos, possibilitando a capacitação das ICTs para desenvolver projetos com empresas. Neste sentido, vale destacar o significativo número de pesquisadores por milhão de habitantes atuantes em P&D em cada país.

7. OCDE – Organização para Cooperação e Desenvolvimento Econômico, *Manual de Oslo: Diretrizes para Coleta e Interpretação de Dados sobre Inovação*, 3. ed. em língua portuguesa, Brasília, Finep, 1997, p. 26.

Tabela 1. Ranking dos melhores quinze países em inovação: número de pesquisadores, dispêndio em P&D e participação do setor privado em relação ao PIB em cada país

Posição	Países	Pesquisadores por milhão de habitantes	Investimento total em P&D (US$ bilhões)	% PIB	Participação do Setor Privado (%)
1	Coreia do Sul	6.826	73,0	4,1	78,2
2	Japão	5.328	169,5	3,4	71,5
3	Suíça	4.468	14,7	3,2	71,3
4	Áustria	4.947	12,9	3,1	71,3
5	Finlândia	7.009	7,2	3,1	67,7
6	Suécia	6.875	14,2	3,1	67,0
7	Dinamarca	7.310	7,9	2,9	63,8
8	Alemanha	4.320	109,6	2,9	67,7
9	EUA	4.205	476,4	2,7	71,5
10	Eslovênia	4.147	1,5	2,4	77,3
11	Bélgica	4.528	11,9	2,4	69,9
12	França	4.233	60,6	2,3	63,6
13	Austrália	4.532	23,1	2,2	56,3
14	Cingapura	6,632	9,6	2,1	60,2
15	Rep. Tcheca	3.402	6,7	2,0	55,2

Não sem razão, a população destes países desfruta também de elevados índices de qualidade de vida, como indicado pelo Índice de Desenvolvimento Humano (IDH)[8]. Para efeito de comparação, o Brasil apresentou no mesmo ano (2019) os seguintes dados: aplicação de R$ 40,5 bilhões (cerca de US$ 11,9 bilhões) em C&T, equivalentes a 1,2 % do PIB e uma força de trabalho em pesquisa de apenas 887 pesquisadores por milhão de habitantes, um número cinco vezes menor do que a Bélgica, que aplica similar volume de recursos em P&D. Tal desproporção em recursos humanos impõe grande desafio tecnológico para o Brasil, sabendo-se que, ademais, o conceito internacional deste indicador inclui majoritária presença de engenheiros.

8. S.R. Zanotto, C. Haeffner e J.A. Guimarães, "Unbalanced International Collaboration Affects Adversely the Usefulness of Countries' Scientific Output as well as their Technological and Social Impact", *Scientometrics*, vol. 109, n. 3, pp. 1789-1814, 2016.

Ainda para efeito comparativo, destaque-se que, em 2019, a Embrapii aplicou oitenta milhões de reais como recursos não reembolsáveis nos projetos com empresas. O montante representa apenas 0,2% do volume de recursos aplicados pelo Brasil em C&T no mesmo ano! De qualquer forma, estes modestos recursos possibilitam alavancagem de três vezes na aplicação final por projeto, significando que os 33% do investimento não reembolsável da Embrapii atrai 67% de empresas e outras fontes, aproximando o formato de atuação do sistema em curso em muitos países, como mostrado na tabela.

Os dados acima indicam que a parceria Empresa-ICT torna o Estado altamente beneficiário dos resultados que advêm da criação de novos produtos e processos tecnológicos. Esses contribuem, por sua vez, para os avanços na sociedade: na geração de empregos diferenciados; arrecadação substancial de novos impostos; desenvolvimento tecnológico por processos próprios; geração de produtos de elevado valor agregado; licenciamento de patentes domésticas; apoio a pequenas empresas e criação de startups; internacionalização da indústria nacional – em suma, desenvolvimento econômico e social.

Neste sentido, vale ressaltar o papel central do governo no modelo operacional da interação, estando alicerçado em inúmeros exemplos internacionais, como apontado por Mariana Mazzucatto em seu famoso livro *O Estado Empreendedor*[9], no qual destaca o papel do governo na tomada de riscos no investimento, atuando como partícipe na inovação e formatador dos mercados provenientes da pesquisa em inovação. Nas palavras de Mazzucato o tema ganha especial destaque:

> O que não é bem compreendido é o fato de que o financiamento do setor público geralmente acaba fazendo muito mais do que corrigir falhas de mercado. Por estar mais disposto a se engajar no mundo da incerteza knightiana, investindo em desenvolvimento de tecnologia no estágio inicial, o setor público pode de fato criar novos produtos e os mercados correspondentes. Dois exemplos incluem seu papel no sonho que tornou possível a internet ou a nanotecnologia quando esses termos jamais existiam. Ao vislumbrar novos espaços, criar novas "missões", o Estado lidera o processo de crescimento em vez de apenas incentivá-lo ou estabilizá-lo[10].

9. M. Mazzucatto, *O Estado Empreendedor: Desmascarando o Mito do Setor Público vs. Setor Privado*, São Paulo, Schwartz, 2014 (Portfolio-Penguin).
10. *Idem*, p. 91.

Os conceitos sobre o papel empreendedor do Estado no estímulo à inovação científico-tecnológica com imediatos reflexos sobre sua exploração industrial, bem como os consequentes avanços econômicos e sociais, foram recentemente reforçados por Jonathan Gruber e Simon Johnson em seu já citado livro: *Jump-Starting America*[11]. Nesse livro, os autores destacam o sucesso das iniciativas do governo americano, cujas ações prepararam, em pouco tempo, o país para entrar com segurança e subsidiar a vitória na Segunda Guerra Mundial.

Tais resultados passam, a partir daí, a orientar as novas ações do governo, tendo como alvo dar suporte a inúmeros projetos inovadores, baseados no relatório de Bush, *Science: The Endless Frontier*, que resultaram nos extraordinários avanços tecnológicos que transformaram os EUA na maior potência econômica e tecnológica do mundo. Como o título sugere, tendo se afastado dessa política pública nos últimos anos, os EUA foram perdendo sua liderança tecnológica isolada. Os autores fazem essa advertência e recomendam uma retomada de ações empreendedoras pelo Estado Americano:

> The enormous rise in public funding of research and development during and after World War II transformed our nation, creating the new products on which our modern economy was built and generating economic opportunities for all. The subsequent falloff in public funding contributed to slower productivity growth and reduced opportunities for most Americans. This should not be surprising given the economics of R&D. The private sector is unlikely through its own profit-seeking behavior to finance enough research to capture the broader social benefits of new ideas, especially those expensive and risk ventures that create industries and jobs[12].

O Contexto da Inovação no Brasil

A partir de narrativas individuais, vê-se que diferentes autores argumentam pela consolidação do modelo da Tríplice Hélice, onde governo, empresas e centros de pesquisa colaboram para gerar o ecossistema da inovação. Ao longo da história, tal formato tem sido muito bem utilizado em vários países,

11. J. Gruber e S. Johnson, *Jump-Starting America: How Breakthrough Science Can Revive Economic Growth and the American Dream.*
12. *Idem*, pp. 195-196.

aproximando a indústria das universidades e gerando bens econômicos e sociais a partir dos resultados oriundos dos projetos de PD&I. Num aprofundado trabalho sobre as origens e características do modelo da Tríplice Hélice, os autores Etzkowitz e Zhou afirmam que:

> [...] a interação universidade-indústria-governo, que formam uma "hélice tríplice" de inovação e empreendedorismo, são a chave para o crescimento econômico e o desenvolvimento social baseados no conhecimento e finalmente concluem que a inclusão da universidade nos sistemas de inovação é importante para capacitar a pesquisa nacional, fazendo com que a produção de conhecimento aliada à tecnologia seja fundamental para o crescimento econômico[13].

Esta estrutura permite que haja crescimento econômico ao mesmo passo que o desenvolvimento social é promovido, atendendo aos interesses das partes envolvidas, como destaca Andrea Laplane:

> A triple helix for innovation and entrepreneurship, formed by university-industry-government interactions, is the key to knowledge-based growth and social development. [...] It is also a universal approach to maintaining an innovation ecosystem and economic sustainability in a region[14].

O conjunto de textos e exemplos citados mostram claramente que o Estado tem papel fundamental na promoção da inovação. E essa constatação encontra eco na profunda reflexão de Vannevar Bush: "A nation which depends upon others for its new basic scientific knowledge will be slow in its industrial progress and weak in its competitive position in world trade, regardless of its mechanical skill"[15].

13. H. Etzkowitz e C. Zhou, "Hélice Tríplice: Inovação e Empreendedorismo Universidade-Indústria-Governo", *Estudos Avançados*, vol. 31, n. 90, pp. 23-48, 2017.
14. A. Laplane, *The Risk-Reward Nexus: A Qualitative Analysis of Public-Private Partnerships for Investments in Innovation in Brazil*, Brighton, Science Policy Research Unity, University of Sussex, 2019, p. 87 (PhD Dissertation).
15. V. Bush, *Science: The Endless Frontier*.

Sobre a Ausência Cultural da Relação Academia-Empresa no Brasil

No caso do Brasil, a situação difere completamente da trajetória de P&D de diversos outros países no cenário global. Nos anos 1970 e seguintes, grande parte da indústria brasileira era de empresas do exterior que possuíam pouco interesse em tomar riscos, investindo recursos em P&D. Nos anos 1990, após a redemocratização, este cenário não mudou muito. Mesmo na atualidade, muitas empresas instaladas no Brasil encontram motivos para não investir em P&D. Entre as razões para não inovar, alegam-se motivos como: baixa necessidade de inovação; custo Brasil; baixa exigência de competição no mercado interno; desinteresse para explorar ideias para desenvolver projetos inovadores; custo da pesquisa; distanciamento e dificuldade de acesso à universidade, entre outros. Dificilmente mencionam que a grande maioria das empresas industriais não têm centros de P&D próprios. Todavia, o fator principal e grande responsável pela falta de estímulo à inovação industrial no Brasil é a insuficiente participação do Estado no fomento à Pesquisa, Desenvolvimento e Inovação (PD&I). Os fatos permitem constatar que a inovação tecnológica não é uma prioridade para o Brasil.

Na verdade, apesar da presença por mais de cinco décadas de dois ativos agentes de desenvolvimento, o BNDES, criado em 1952, e a Finep, em 1967, dispondo de substancial disponibilidade de recursos financeiros, a inovação no setor industrial brasileiro não obteve o estímulo governamental de sucesso que caracterizou os avanços dos países que compõem, por exemplo, os antigos e os novos Tigres Asiáticos (Cingapura, Hong Kong, Coreia do Sul e Taiwan), que apresentam acelerado processo de industrialização desde a década de 1970.

Nesses países asiáticos e também de outras regiões, prevaleceu a lógica discutida acima de que os governos centrais são os promotores da inovação industrial. São exemplos que deixamos de seguir, e assim, predominou o modelo de financiamento de P&D industrial via empréstimo bancário ao invés da efetiva subvenção. Devido à ausência de políticas que caracterizam o Estado Empreendedor, não se criou no país a necessária cultura da Tríplice Hélice e, consequentemente, não foi possível produzir os efeitos alcançados em outras economias. A experiência brasileira neste longo período deixa clara a lição de que não se faz inovação com empréstimo bancário!

Como consequência da prática de políticas equivocadas por várias décadas, o Global Innovation Index (GII) situa o Brasil em medíocres posições nesse ranking, que engloba 131 países. Em 2021, o Brasil passou a ocupar a 57ª posição no GII, progredindo de posições ainda mais medíocres nos três anos anteriores (64ª posição em 2018; 66ª em 2019 e 62ª em 2020). Tal desempenho é incompatível com o tamanho do PIB do Brasil, que neste ranking está atrás de Costa Rica, México, Chile, Turquia, Filipinas, Malásia, Ucrânia e outros países com economias muito menos robustas. Nestas condições, o que se constata frequentemente é a observação de que no Brasil é impossível a interação universidade-empresa, cada parte atribuindo a culpa à outra parte.

A questão da necessidade de estimular a inovação no Brasil tem atraído a atenção de diferentes órgãos. Destaque-se que até mesmo o Tribunal de Contas da União (TCU) tem se dedicado a discutir o tema em eventos anuais. Nas datas de 3 e 4 de dezembro de 2020, o TCU organizou o Fórum Nacional de Controle-Inovação em Prol da Educação no Brasil, com diversos painéis. Convidado a expor no Painel 7, "Integração entre Universidades e Empresas na Busca de um Caminho para a Competitividade" o assunto foi enfocado nos seguintes termos:

> Para a promoção da inovação de forma institucional em qualquer país, fatores predisponentes constituem indispensáveis pilares da inovação preexistentes nesse país:
>
> 1. disponibilidade de talentos, sobretudo engenheiros, mas também outros profissionais;
> 2. presença de instituições acadêmicas fortes, atuando no padrão Universidades de Classe Mundial;
> 3. presença de empresas transnacionais que trazem liderança mundial em P&D e inovação e que possam servir de exemplos às empresas locais;
> 4. incentivo governamental no modelo Estado Empreendedor, excluída a opção empréstimo bancário para fomentar a inovação;
> 5. necessidade de praticar o modelo de incentivo à cultura empresarial[16].

16. J.A. Guimarães, "Desafios da Inovação no Brasil: Entraves à Interação ICT-Empresa", *Fórum Nacional de Controle: Inovação em Prol da Educação no Brasil*, Tribunal de Contas da União (TCU). Webinar 4 dez. 2020.

Claramente, vários desses pré-requisitos, em especial os que tratam da existência de talentos, da presença de ICTs qualificadas e de empresas internacionais, estão presentes há anos no país e poderiam compor os pilares de adoção das políticas para propiciar avanços significativos na inovação industrial no Brasil[17]. A este propósito vale destacar as observações de Mazzucato e Penna[18] em um aprofundado estudo, encomendado pelo Centro de Gestão e Estudos Estratégicos (CGEE), a respeito das características do ecossistema de P&D do Brasil. O referido estudo apontou os aspectos de forças positivas e também negativas do Brasil no que respeita à pesquisa e desenvolvimento com vistas à inovação tecnológica, indicando:

> The Brazilian innovation system has the following STRENGTHS:
>
> - The presence of all the elements of a developed system of innovation (that is, key institutions exist in all subsystems: subsystem of education and research, subsystems of policies and regulation);
> - A subsystem of scientific research that has substantially improved in the last few decades and is producing frontier knowledge in some key areas, with "islands of productive excellence" in sectors such as oil and gas, aviation, agriculture, health, and, to a lesser extent, banking automation;
> - Strategic natural assets (e.g. mineral and water resources, plus biodiversity of Brazil's six land biomes and its maritime biome) that in the long run will be increasingly demanded as the process of economic inclusion goes forward in emerging economies;
> - A multifaceted state apparatus of agencies devoted to the promotion and execution of science, technology, and innovation policies, including a full toolbox of supply-inclusion policies;
> - Public financial resources for R&D and innovation that (in principle) are not affected by budgetary fluctuations or cuts, such as the sectorial funds and the funding from BNDES that does not come from Treasury;
> - Positive examples of systemic "mission-oriented" policy initiatives, explicitly or implicitly focused on innovation, that lead to positive interactions between

17. *Idem.*
18. M. Mazzucatto, C. Penna, "The Brazilian Innovation System: A Mission-Oriented Policy Proposal", *Centro de Gestão e Estudos Estratégicos (CGEE): Temas Estratégicos para o Desenvolvimento do Brasil*, n. 1, mar. 2016.

the state, the business sector, and academia. These include the Inova program, health policies, and, to a lesser extent, initiatives spearheaded by Embrapa and Petrobras;
- Existing complementary policies that may work as enablers of mission-oriented policy programs in national defense and security, and in climate, environment, and energy[19].

As regards WEAKNESSES, the Brazilian innovation system:
- lacks a consistent long-term strategic agenda (a vision) that gives coherence to public policies carried out by the different public institutions and gives direction to scientific research and to provide agents in their innovation efforts;
- displays fragmentation (even antagonism) between the subsystem of education and research and the subsystem of production and innovation, due to the self-orientation of scientific research, and a lack of demand from business for the knowledge produced in academia;
- displays a low propensity to innovate in the subsystem of production and innovation –business expenditure on R&D (BERD) is very low, reaching just 0.5 percent of GDP in 2013;
- suffers from inefficiencies in the subsystem of policy and regulation, specifically: overlapping responsibilities, competition for and non-strategic use of resources, discontinuity of investments and programs, excessive bureaucracy, and control (auditing) of innovation policies and programs, including procurement, in the same way as for other programs;
- requires important institutional reforms in the taxation and regulation of business; and
- is constantly negatively affected by the implicit policies represented by the macroeconomic agenda[20].

Ao final do estudo os autores concluem:

Many of these strengths and weaknesses have long been the focus of public policies, either to build on the strengths or to address the weaknesses. Our analysis of Brazil's explicit innovation policies (that is, those led by MCTI and encapsulated in

19. *Idem*, pp. 9-10.
20. *Idem*, p. 10.

science, technology and innovation plans) suggests that previous policies have failed due to being based on a restrictive market failure perspective. This led to ad hoc and non-systemic projects (many of which had a science-push bias), with the notable exception of the Inova Program and innovation policies for the health sector. So far, however, science-push policies (like the establishment of technological parks) have had little positive impact on the structure or the propensity of firms to innovate[21].

O estudo de Mazzucato e Penna traz à tona diversos pontos importantes, especialmente no que concerne às forças locais e do distante papel do Estado que, alinhados, poderiam favorecer o maior envolvimento do Brasil no desenvolvimento de projetos de PD&I. Todavia, o documento não aponta para a questão central da falta da cultura da relação empresa-universidade, discutida ao longo deste trabalho, e que deixou de ser instituída e estimulada há pelo menos cinco décadas atrás.

Apesar do contexto negativo para o estímulo à parceria empresa-universidade no Brasil, a atuação pioneira das agências de fomento federais e estaduais possibilitou reconhecidos avanços no nosso desenvolvimento científico. Também no segmento de P&D pode-se apontar resultados tecnológicos positivos possibilitados por estes investimentos como nos casos da produção da agropecuária, que suporta o agronegócio brasileiro, produção de nióbio, automação bancária, produção de aeronaves, indústria de papel e celulose, exploração mineral, produção de soros e vacinas, indústria metalomecânica, desenvolvimento do biodiesel, exploração de petróleo em águas profundas e a descoberta e usufruto das reservas do Pré-Sal, entre outros[22].

Mesmo com tais frutíferos exemplos, o Brasil ainda se caracteriza por apresentar, como grande contraste, uma elevada produção científica (13ª posição no ranking mundial) e muito baixo desenvolvimento tecnológico como constatado no ranking do Índice Global de Inovação. Ao longo das últimas décadas foi possível observar que, para diversos países que apresentavam situação semelhante à brasileira, tal quadro foi quebrado pela crescente promoção e investimento em PD&I, associando a competência científica e tecnoló-

21. *Idem, ibidem.*
22. S.R. Zanotto, C. Haeffner e J.A. Guimarães, "Unbalanced International Collaboration Affects Adversely the Usefulness of Countries' Scientific Output as well as their Technological and Social Impact".

gica acadêmica com a demanda por inovação das empresas e, obviamente, o necessário apoio governamental. O Brasil também dispõe desta competência instalada em grupos de pesquisa consolidados em universidades, institutos e centros de pesquisa que vêm sendo financiados no nível de C&T pelas diversas agências federais e estaduais ao longo das últimas seis décadas. Todavia, a falta da cultura apropriada para favorecer a interação ICT-Empresa, aliada à ausência de prioridade governamental para deslanchar a PD&I, prejudicam o aproveitamento das nossas potencialidades.

O quadro acima teve também como origem a prolongada e prejudicial ausência da cultura da interação empresa-academia no Brasil, marca maior do desenvolvimento econômico e social de todos os países desenvolvidos. Assim, os pontos até aqui discutidos indicam claramente a necessidade de mudança das políticas públicas de estímulo e fomento à inovação no Brasil. É neste contexto que surge a Embrapii, a Empresa Brasileira de Pesquisa e Inovação Industrial, tendo como missão enfrentar os desafios acima apontados, buscando impulsionar e fomentar a pesquisa aplicada e a inovação nas empresas do setor industrial brasileiro.

A atuação da Embrapii visa justamente explorar o citado potencial, representado pela capacidade de pesquisa aplicada de grupos de pesquisa das universidades e outras ICTs brasileiras, visando à atração do setor industrial para o desenvolvimento de PD&I. A Embrapii aparece, então, como um elo empreendedor que promove a interação empresa-instituições de C&T, investindo recursos públicos para compartilhar riscos e custos na inovação industrial.

No contexto atual, deve ser observado que, havendo uma adequada inclinação das nossas instituições acadêmicas para uma postura mais agressiva em relação à pesquisa aplicada e à inovação, deve ser considerada a urgência para explorar os extraordinários avanços dos novos conhecimentos e das tecnologias modernas atualmente disponíveis[23]. Tal circunstância torna ainda mais necessária a interação entre os setores acadêmico e empresarial, envolvendo instituições e empresas de modo a explorar competitivamente nossas vantagens comparativas. Este contexto requer a necessária reorientação das ações das nossas instituições acadêmicas e também maior abertura das empresas

23. C. Haffner, S. Zanotto e J.A. Guimarães, "Internacionalização da Universidade Brasileira: Desafios e Perspectivas na Busca pelo Padrão de Universidade de Classe Mundial", *Revista Brasileira de Pós-Graduação*, vol. 17, n. 37, jan.-jun. 2021.

privadas para propiciarem, conjuntamente, efetiva atuação no desenvolvimento de projetos PD&I como fruto da exitosa parceria universidade-empresa.

Trata-se pois, de promover a intensificação da exploração do sistema operacional dos institutos de pesquisa aplicada da Sociedade Fraunhofer da Alemanha, que inspirou a concepção da Embrapii, para operar no Brasil – o virtuoso processo de PD&I oferecido pela aplicação do modelo da Tríplice Hélice (Academia-Governo-Empresa). Tal modelo só foi efetivamente iniciado no Brasil com a criação da Embrapii em 2013[24].

Sobre a Concepção da Embrapii

Um dos principais motivadores para a criação da Embrapii era, e ainda é, o grande contraste predominante no Brasil, que se caracteriza por apresentar elevada produção científica e pelo baixo desenvolvimento tecnológico já discutidos. A atuação da Embrapii visa justamente aumentar a capacidade de pesquisa, desenvolvimento e inovação, associando a competência científica e tecnológica instalada e presente em grupos de pesquisa – consolidados em universidades, institutos e centros de pesquisa – que vêm sendo financiados pelas diversas agências federais e estaduais ao longo das últimas seis décadas. Em um estudo de 2015 sobre os primeiros passos da Embrapii[25], vemos que uma ação de quebra do quadro existente se faz importante porque, "apesar de ter construído infraestrutura de ciência e tecnologia, devido à sua baixa articulação com o setor produtivo, o Brasil não produziu o impacto desejado sobre o desempenho econômico do país"[26].

Outra condição que também serviu de base para a concepção da Embrapii foi a constatação de que são poucas as empresas industriais brasileiras que têm centros de P&D próprios. De fato, não tendo centros de P&D, essas empresas não contratam pesquisadores qualificados para desenvolver pesquisa aplicada. Por conseguinte, não atuam na inovação tecnológica aberta e, sen-

24. J.F. Gomes de Oliveira e J.A. Guimarães, "Building Trust in Innovation: The Case of Embrapii", em E.B. Reynolds, B.R. Schneider e E. Zylberberg (eds.), *Innovation in Brazil: Advancing Development in the 21st Century*, New York/Boston, Routledge, 2019, pp. 231-255.

25. E.P. Andrade *et al.*, "A Embrapii como Política de Inovação: Uma Análise Exploratória", em *XXII Simpósio de Engenharia de Produção: Política Nacional de Inovação e Engenharia de Produção*, Bauru, 9-11 nov. 2015.

26. *Idem*, p. 7.

do assim, não geram patentes nem produtos competitivos. E por tudo isso e ainda com o baixo investimento governamental, também não se sentem estimuladas a investir em PD&I.

Diante deste quadro substancial, com ausência da interação academia--empresa e consequentemente desestímulo à inovação tecnológica no Brasil, a Embrapii aparece como um elo empreendedor para promover a interação empresa-instituições de C&T, investindo recursos públicos não reembolsáveis para compartilhar riscos e custos da inovação industrial. Tal modelo está alicerçado em inúmeros exemplos internacionais como apontado por autores já citados neste capítulo: Mariana Mazzucatto em *O Estado Empreendedor*, de 2014, e também nos conceitos de Jonathan Gruber e Simon Johnson em *Jump-Starting America*, de 2019.

O Modelo Operacional da Embrapii

A Embrapii foi concebida tendo como modelo o sistema operacional da Sociedade Fraunhofer e seus institutos de pesquisa, assim como a exitosa trajetória da Embrapa. Fundamentada nas considerações acima descritas, foi reconhecida como Organização Social (OS) em 2013, tendo como órgão supervisor o Ministério da Ciência, Tecnologia e Inovações (MCTI) e a adesão inicial do Ministério da Educação (MEC). Posteriormente, em 2018, aderiu também o Ministério da Saúde (MS), como interveniente. O status de Organização Social constituiu condição essencial para operar com o MCTI o necessário Contrato de Gestão, do qual participam os demais ministérios, tendo como compromisso atrair empresas para desenvolver projetos de PD&I, compartilhar riscos e custos em projetos de inovação industrial e promover alavancagem de 1/3 dos recursos recebidos do governo.

No modelo operacional da OS – a execução da missão baseada na Tríplice Hélice – o Governo é representado pela Embrapii; as universidades e outras ICTs, pelos centros de pesquisa aplicada selecionados e credenciados como Unidades Embrapii. Tendo em vista a proposta de operar o modelo da Tríplice Hélice no Brasil, a concepção da Embrapii levou em conta que o modelo funcional da Sociedade Fraunhofer (vale também para a Embrapa), centrado na existência de dezenas de institutos de pesquisa próprios, precisava ser adaptado para a sua plena e imediata operação no país.

Criar institutos de pesquisa próprios da OS seria muito caro, demorado e talvez não desse certo devido à mencionada ausência da cultura da interação empresa-academia. Optou-se então por atrair, avaliar e credenciar grupos de pesquisa aplicada já existentes nas universidades e centros de pesquisa públicos e privados (sem fins lucrativos) mediante chamadas públicas periódicas, consubstanciando em apenas sete anos a rede atual de 72 Unidades Embrapii (UE), distribuídas em dezesseis estados brasileiros.

As UEs são selecionadas e credenciadas por chamada pública competitiva, sendo constituídas por grupos de pesquisa aplicada altamente qualificados, com atuação em áreas tecnológicas bem focadas e definidas e que demonstrem alguma experiência de desenvolver projetos de P&D de demanda das empresas, cobrindo sobretudo a faixa de TRL 3 a 6, o chamado Vale da Morte dos projetos e P&D. Cada UE é constituída por um grupo de oito ou mais pesquisadores seniores experientes e seus colaboradores e estudantes; dispõe de infraestrutura de pesquisa qualificada e atual com equipamentos modernos e plena capacidade de gestão e autonomia para operar projetos de demanda de empresas.

Com tais requisitos, a Unidade Embrapii é então selecionada e credenciada por um período de três ou seis anos, com monitoramento contínuo e reavaliação anual, aí incluída a possibilidade de descredenciamento. Por suas características operacionais, o modelo Embrapii atraiu a atenção de pesquisadores do MIT, que buscaram entender o modelo operacional da Organização conforme publicado no livro *Innovation in Brazil: Advancing Development in the 21st Century*[27].

A Embrapii em Números

A partir do início de sua efetiva operação como Organização Social no final de 2014, a Embrapii acumulou, em poucos anos, considerável número de realizações no desenvolvimento de projetos de PD&I com empresas. A tabela 2 mostra os dados do desempenho da OS no período de 2015 a outubro de 2021.

27. E.B. Reynolds, B.R. Schneider e E. Zylberberg (eds.), *Innovation in Brazil: Advancing Development in the 21st Century.*

A pioneira capacidade de atração de empresas para compartilhar riscos e custos no desenvolvimento de projetos de inovação industrial possibilita o processo de alavancagem de mais de três vezes dos recursos originários do governo. Com efeito, os R$ 621,3 milhões aplicados pela Embrapii em 1.380 projetos geraram um investimento total de mais de R$ 1,89 bilhão, com participação das empresas com recursos significativos (R$ 928,5 milhões, 49,5% do total) injetados diretamente na execução dos projetos com as Unidades Embrapii. O total ainda inclui a incorporação ao fomento à PD&I, de investimentos prévios de agências federais e estaduais no apoio à infraestrutura das ICTs (equipamentos, instalações, laboratórios etc.) e capacitação de RH das ICTs, recursos avaliados como R$ 346,6 milhões (18,3%).

A participação das ICTs na composição do fomento tem caráter de contrapartida econômica (não financeira), e contém grande significado: disponibilizar via Unidade Embrapii a infraestrutura de laboratórios, máquinas, equipamentos e instrumental de pesquisa, provenientes dos investimentos aplicados ao longo dos anos pelas agências de fomento oficiais às atividades de pesquisa básica, também para o desenvolvimento de pesquisa aplicada com empresas.

Tabela 2. Desempenho da Embrapii no Período de 2015-2021

Indicadores		Números	Investimento (R$ milhões)	
		Valor	%	
1	Número atual de Unidades Embrapii	72	—	—
2	Contratação e Investimento nos Projetos:	—	—	—
	1. Projetos Contratados	1.380	1.896,4	100
	2. Empresas Contratantes	957	928,5	49,0
	3. Embrapii	—	621,3	32,7
	4. Contrapartida UES	64 UES	346,6	18,3
	5. Valor Médio/Projeto	—	1,37	—
3	Projetos Concluídos	774	—	56,1
4	Depósitos de PI dos Projetos Concluídos	529	—	68,3

5	Pesquisadores Envolvidos:	5.928	—	100
	1. Pesquisadores do Staff das ICTS	914	—	15,4
	2. Contratados nos Projetos	5.014	—	84,6
	3. Estudantes	1.140	—	—
	4. Média pesquisadores/Unidade	92	—	—
6	Especialização das Unidades no Uso das Tecnologias Atuais Aplicadas em Projetos de PD&I com empresas nas Áreas Industriais:			
	Inteligência Artificial	22	—	—
	Robótica e Automação	13	—	—
	IOT Industrial	13	—	—
	Nanotecnologia	11	—	—
	Manufatura 4.0	14	—	—
	Prototipagem	19	—	—
	Integração de Sistemas	28	—	—
	Hardware	11	—	—
	Sistemas de Comunicação	10	—	—
	Materiais	18	—	—
	Biotecnologia	12	—	—
	Química	14	—	—

Este formato de atuação exitosa da Embrapii tem como base seis diferenciais oferecidos ao ecossistema de inovação no Brasil: *1.* tornar desnecessário promover chamadas de empresas para oferecer financiamento aos projetos, ou seja, as empresas discutem diretamente e a qualquer momento a contratação de seus projetos com as Unidades Embrapii; *2.* oferecer a disponibilidade das Unidades Embrapii altamente competentes e qualificadas, pré-credenciadas e continuamente monitoradas para oferecer às empresas garantia de sucesso no desenvolvimento dos projetos; *3.* agilidade na contratação dos projetos, na liberação dos recursos e resposta às questões levantadas e demandas específicas das empresas; *4.* flexibilidade operacional na gestão dos processos, adotando de forma conveniente as melhores opções tecnológicas para o desenvolvimento dos projetos e adaptação automática do Plano de Trabalho às conveniências de rotas tecnológicas mais apropriadas, discutidas e adotadas entre a UE e a empresa; *5.* acompanhamento e avaliação online permanentes da execução de cada projeto contratado, aí incluído o risco de descredenciamento da Unidade nos casos de descumprimento do Plano de Ação pactuado com a empresa ou com a Embrapii; e 6. operação sem burocracia, baseada em efetivo e contínuo acompanhamento da execução dos projetos, liberação imediata de recursos, aprovação simplificada da prestação de contas e apoio geral à parceria UE-Empresa. O modelo de operação ágil, flexível e desburocratizado acima descrito atraiu o interesse da CGU. Assim, em 2019 e 2020, foram recebidas, na sede da Embrapii, equipes técnicas deste importante órgão de controle que buscavam conhecer o modelo operacional da OS.

Em função de suas caraterísticas operacionais, a Embrapii desfruta de elevado grau de confiabilidade das empresas (mais de 90% de satisfação dos projetos concluídos). Possui também acordos de cooperação com Sebrae, BNDES, algumas Fapes e com o Confap para apoio conjunto às atividades de P&D e inovação com empresas de porte médio, micro e pequenas empresas e startups; com diversas entidades como as Federações de Indústria de vários estados e com muitas associações e corporações de empresas, como Abinee, Abimo, Abal, Abiquif e muitas outras dos diferentes setores industriais. Opera ainda modelos de cooperação internacional com organizações similares à Embrapii na Alemanha, Suécia, Suíça, Reino Unido, Israel, Canadá e EUA e organismos europeus para apoiar o desenvolvimento conjunto de projetos de PD&I e a internacionalização de empresas brasileiras no mundo globalizado.

Referências

ANDRADE, Emmanuel Paiva de *et al.* "A Embrapii como Política de Inovação: Uma Análise Exploratória". *In: XXII Simpósio de Engenharia de Produção: Política Nacional de Inovação e Engenharia de Produção.* Bauru, 9-11 nov. 2015.

BUSH, Vannevar. *Science: The Endless Frontier.* Washington, DC, United States Government Printing Office, 1945.

ETZKOWITZ, Henry & ZHOU, Chunyan. "Hélice Tríplice: Inovação e Empreendedorismo Universidade-Indústria-Governo". *Estudos Avançados*, vol. 31, n. 90, pp. 23-48, 2017.

GRUBER, Jonathan & JOHNSON, Simon. *Jump-Starting America: How Breakthrough Science Can Revive Economic Growth and the American Dream.* New York, Public Affairs/Hachette Book Group, 2019.

GUIMARÃES, Jorge Almeida. "Desafios da Inovação no Brasil: Entraves à Interação ICT-Empresa". *Fórum Nacional de Controle: Inovação em Prol da Educação no Brasil.* Tribunal de Contas da União (TCU). Webinar 4 dez. 2020.

Haeffner, Cristina; Zanotto, Sonia Regina & Guimarães, Jorge Almeida. "Internacionalização da Universidade Brasileira: Desafios e Perspectivas na Busca pelo Padrão de Universidade de Classe Mundial". *Revista Brasileira de Pós-Graduação*, vol. 17, n. 37, jan.-jun. 2021.

Harari, Yuval Noah. *Sapiens: Uma Breve História da Humanidade*. 34. ed. Trad. Janaína Marcoantonio. Porto Alegre, l&pm, 2018.

Laplane, Andrea. *The Risk-Reward Nexus: A Qualitative Analysis of Public-Private Partnerships for Investments in Innovation in Brazil*. Brighton, Science Policy Research Unity, University of Sussex, 2019 (PhD Dissertation).

"List of Edison Patents". *Wikipedia*. Disponível em: https://en.wikipedia.org.wiki/List_of_edison_patents.

Mazzucatto, Mariana. *O Estado Empreendedor: Desmascarando o Mito do Setor Público vs. Setor Privado*. São Paulo, Schwartz, 2014 (Portfolio-Penguin).

______ & Penna, Caetano. "The Brazilian Innovation System: A Mission-Oriented Policy Proposal". *Centro de Gestão e Estudos Estratégicos (cgee): Temas Estratégicos para o Desenvolvimento do Brasil*, n. 1, 114 p., mar. 2016.

ocde. *Manual de Oslo: Diretrizes para Coleta e Interpretação de Dados sobre Inovação*. 3. ed. em língua portuguesa. Brasília, Finep, 1997.

Oliveira, João Fernando Gomes de & Guimarães, Jorge Almeida. "Building Trust in Innovation: The Case of Embrapii". *In:* Reynolds, Elisabeth B.; Schneider, Ben Ross & Zylberberg, Ezequiel (eds.). *Innovation in Brazil: Advancing Development in the 21st Century*. New York/Boston, Routledge, 2019, pp. 231-255.

Press, William Henry. "What's So Special About Science (And How Much Should We Spend on It?)". *Science*, vol. 342, n. 6160, pp. 817-822, 15 Nov. 2013.

Reynolds, Elisabeth B.; Schneider, Ben Ross & Zylberberg, Ezequiel (eds.). *Innovation in Brazil: Advancing Development in the 21st Century*. New York/Boston, Routledge, 2019.

SRInfo. *Embrapii*, 2021. Disponível em: https://embrapii.org.br/institucional/

Unesco. *Institute for Statistics*, 2019.

Zanotto, Sonia Regina; Haeffner, Cristina & Guimarães, Jorge Almeida. "Unbalanced International Collaboration Affects Adversely the Usefulness of Countries' Scientific Output as well as their Technological and Social Impact". *Scientometrics*, vol. 109, n. 3, pp. 1789-1814, 2016.

CAPÍTULO 8

Os Desafios de um Centro de Pesquisa e Inovação em Engenharia para a Sustentabilidade

Júlio Romano Meneghini e Karen Louise Mascarenhas

Introdução

O Research Centre for Gas Innovation (RCGI)[1], ou Centro de Pesquisa para Inovação em Gás, no modelo de inovação de tríplice hélice, foi fundado em 2016, com sede na Escola Politécnica da Universidade de São Paulo, por meio de financiamento da Fapesp e de uma empresa privada de óleo e gás (Shell Brasil). Estabeleceu seus objetivos direcionados para pesquisas avançadas e inovadoras da produção e uso de Gás Natural (GN), biogás, hidrogênio e abatimento de emissões de CO_2 e outros gases de efeito estufa (GHG). Nesse contexto, durante seus primeiros cinco anos, compreendeu o gás natural como um elemento de transição muito importante para as energias renováveis, em função de ser um combustível fóssil de baixa emissão de carbono e de seu potencial para cobrir intermitências.

Ao longo dessa fase inicial, empresas como a Eneva, Repsol e Petronas, entre outras, passaram a patrocinar projetos de pesquisa do centro. Após os cinco anos iniciais, o centro estabeleceu-se como um importante *hub* de desenvolvimento tecnológico e científico. Em 2021, na renovação do centro junto à Fapesp e à Shell Brasil, direcionou seu escopo para apurar sua estratégia, com a missão de ser um centro de classe mundial para estudos avançados focados na inovação em direção à sustentabilidade e mitigação das emissões

1. Centro de Pesquisas para Inovação em Gases de Efeito Estufa – www.usp.br/rcgi.

de gases de efeitos estufa. Neste momento, passou a adotar o nome de Research Centre for Greenhouse Gas Innovation – RCGI (Centro de Pesquisa para Inovação em Gases de Efeito Estufa).

Figura 1. Tríplice Hélice: Modelo de Inovação do RCGI.

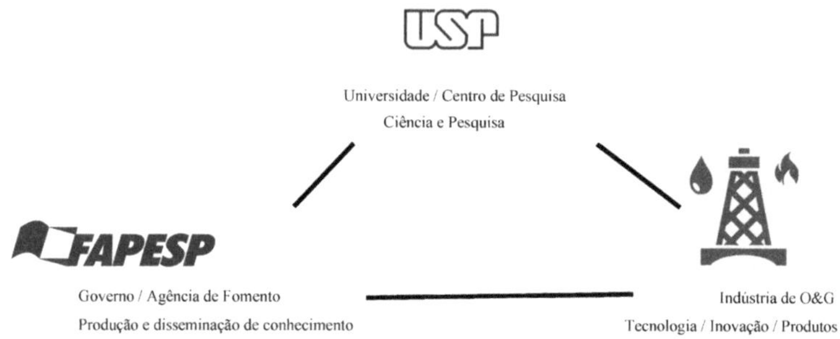

O RCGI, estabelecido como um Centro de Pesquisa em Engenharia (CPE) pela Fapesp, potencializa experiências estabelecidas anteriormente pela agência de fomento, principalmente por meio do apoio à pesquisa e tecnologia com elevado nível científico para o desenvolvimento das áreas de energia e aquelas a ela relacionadas. Seu objetivo é promover pesquisa, inovação e disseminação do conhecimento.

Figura 2. Objetivos de um CPE – Fapesp

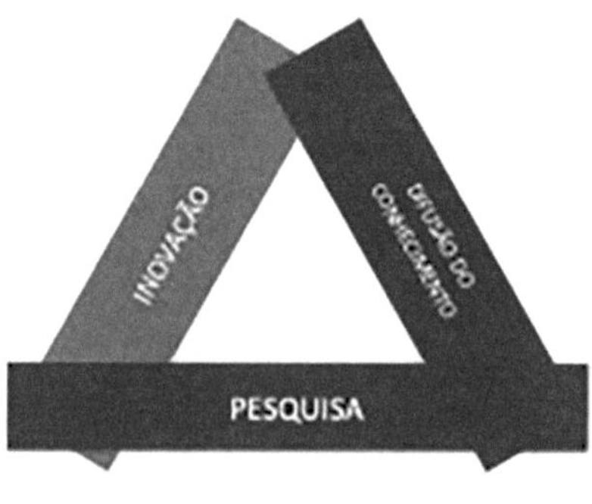

Na concepção do Centro e na sua condução, procurou-se reunir uma equipe técnica e científica de excelência, que cresce a cada dia, de forma inter e multidisciplinar, para tratar os aspectos tecnológicos, socioeconômicos e ambientais propostos. Desde então, a equipe formada esteve envolvida com propostas na área de energia e na solução de problemas que envolvem emissões de gases de efeito estufa, resultantes do uso de combustíveis fósseis. Dessa maneira, constitui-se um centro de pesquisas focado em investigação e divulgação científica, inovação, tecnologia e disseminação do conhecimento.

O Centro possui as seguintes linhas de pesquisa: Engenharia, Física e Química, e Políticas Energéticas e Economia, complementadas em 2017 pelo programa de Abatimento de Emissões de CO_2, e em 2018 pelo de Geofísica, além de um grupo de percepção pública destinado especificamente às questões sociais. A integração desses cinco programas e o grupo gera conhecimento e inovação que são aplicados diretamente às questões de geração de energia de forma sustentável, ao tema de Transição Energética e de uma agenda positiva para conter Mudanças Climáticas, alinhados aos Objetivos de Desenvolvimento Sustentável (ODS) da Organização das Nações Unidas – principalmente os ODS 7 e 13.

O objetivo deste capítulo é descrever, através de um estudo de caso, as ações que têm sido realizadas pelo RCGI, por meio do método descritivo-analítico associando as várias vertentes que o Centro possui, focando a inovação nos aspectos tecnológicos, econômicos, ambientais e sociais no Brasil com os Objetivos de Desenvolvimento Sustentável.

O capítulo se divide em cinco seções. A primeira é uma breve descrição teórica da base estrutural do RCGI, seguida pela que caracteriza o Centro. A terceira demonstra a amplitude da pesquisa realizada pelo centro e sua conexão com as dimensões do desenvolvimento sustentável. A seguir, uma quarta seção salienta alguns dos resultados, apontando a relação entre o trabalho realizado no centro com os ODS, retratados por meio de exemplos relacionados a sustentabilidade. Por fim, a última seção sumariza as considerações finais.

Inovações do RCGI e seus Efeitos na Sociedade

O RCGI tem demonstrado ser uma força motriz para o desenvolvimento de tecnologias energéticas mais limpas, como também de inovações logísticas e regulatórias para o desenvolvimento sustentável. As inovações propostas, em sentido amplo, consistem não apenas em criar novas ideias, mas também em implementá-las e disseminá-las nos sistemas econômicos e sociais[2]. Nesta medida, considera também que, para a implementação de novas tecnologias, deve-se levar em conta vários aspectos que impactam a sociedade. Esses referem-se à potencial rejeição da comunidade local em seus vários níveis, caracterizada pelo efeito "not in my backyard" (Nimby), ou pelo custo-benefício percebido como desvantajoso até mesmo pela falta geral de entendimento dos mecanismos e consequências[3].

Nesse intuito, o Centro também está contribuindo para a construção da Licença Social para Operar (LSO) para iniciativas de energias limpas. Essa é entendida como uma licença informal dada pela sociedade para que a indústria implemente projetos em sua vizinhança, e que, em muitos casos, é essencial para o desenvolvimento de empreendimentos de grande porte.

A origem do termo LSO data da década de 1990, e na época era relacionada à indústria de mineração[4]. A maior parte da literatura sobre o assunto aborda questões centrais sobre a relação entre a indústria e a comunidade, destacando a cidadania corporativa, a sustentabilidade social, a reputação e a legitimidade[5]. Tratando-se da aceitação pública local, há fatores psicológicos individuais que, afora riscos e benefícios percebidos, valorizam a confiança nas partes interessadas e a percepção de justiça no processo de implementação de uma tecnologia[6]. Além disso, o acesso à informação é essencial, pois a aceitação pública de novas tecnologias tem como premissa fundamental o reconhecimento de aspectos globais e relevantes, como no caso de tecnologias para a redução de emissões de gases de efeito estufa e sua contribuição relacionada às mudanças climáticas e a necessidade de reduzir as emissões de CO_2[7].

2. J. Fagerberg, "Mobilizing Innovation for Sustainability Transitions: A Comment on Transformative Innovation Policy", *Research Policy*, vol. 47, n. 9, pp. 1568-1576, Nov. 2018.
3. K.L. Mascarenhas, D. Peyerl, E. M. Moretto e J.R. Meneghini, "Challenges for the Implementation of Carbon Capture and Storage (CCS) in Brazil: A Socio-Technical Approach", *Polytechnica*, vol. 2, n. 1, pp. 1-8, Oct. 2019.
4. N. Gunningham, R. Kagan e D. Thornton, "Social License and Environmental Protection: Why Businesses Go Beyond Compliance", *Law & Social Inquiry*, vol. 29, n. 2, pp. 307-341, July 2006.
5. J. Owen e D. Kemp, "Social License and Mining: A Critical Perspective", *Resources Policy*, vol. 38, n. 1, pp. 29-35, Mar. 2013.
6. K.L. Mascarenhas, D. Peyerl, E.M. Moretto e J.R. Meneghini, "Challenges for the Implementation of Carbon Capture and Storage (CCS) in Brazil: A Socio-Technical Approach".
7. P. Ashworth, S. Wade, D. Reiner e X. Liang, "Developments in Public Communications on CCS", *International Journal of Greenhouse Gas Control*, vol. 40, pp. 449-458, Sep. 2015.

A LSO e a capacidade de implementar tecnologias energéticas mais limpas dependem não apenas das interações com as comunidades locais, mas também de relacionamentos estruturados, em contextos nacionais e internacionais, com outras partes interessadas como governos, ONGs, empresas, sociedade civil, agências de financiamento, universidades e a imprensa, entre outros. A coordenação e a cooperação entre esses atores são responsáveis pela evolução do ambiente tecnológico e institucional capaz de fornecer a legitimidade necessária[8] para disseminar a inovação em direção aos ODS e a uma economia de baixo carbono.

Os desafios de governança das partes interessadas, identificados como pontos centrais relacionados à sustentabilidade[9], incluem a necessidade de capacitação dos diversos públicos, seu engajamento e a incorporação de valores e sinergias. Tudo isso a fim de impulsionar o alcance de metas na escala e com a eficácia demandada, considerando as três dimensões da sustentabilidade – social, econômica e ambiental – em uma abordagem integrada. O sucesso da transição para uma economia de baixo carbono pode depender da construção de novos arranjos institucionais inclusivos e transparentes. Baseado no amplo quadro mencionado acima, o RCGI tem estabelecido uma relação inigualável, a qual envolve o processo tecnológico aliado com as questões sociais, numa abordagem conhecida como sociotécnica[10].

O RCGI e sua Relação com os ODS

O Centro possui 46 projetos já concluídos e 25 em andamento, com o envolvimento de mais de 350 pesquisadores. Entre eles estão engenheiros de diversas especialidades, físicos, químicos, advogados, pesquisadores da área de energia, história, transportes, logística, economia, matemática, psicologia

8. C. Pellegrino e S. Lodhia, "Climate Change Accounting and the Australian Mining Industry: Exploring the Links Between Corporate Disclosure and the Generation of Legitimacy", *Journal of Cleaner Production*, vol. 36, pp. 68-82, Nov. 2012.
9. K. Bowen *et al.*, "Implementing the 'Sustainable Development Goals': Towards Addressing Three Key Governance Challenges – Collective Action, Trade-Offs, and Accountability", *Current Opinion in Environmental Sustainability*, vols. 26-27, pp. 90-96, June 2017.
10. K.L. Mascarenhas, D. Peyerl, E.M. Moretto e J.R. Meneghini, "Challenges for the Implementation of Carbon Capture and Storage (CCS) in Brazil: A Socio-Technical Approach".

e outros. Essa multidisciplinaridade permitiu ao RCGI abordar temas complexos interconectando aspectos técnicos, econômicos, legais, ambientais e, mais recentemente, também os aspectos sociais. O emprego de conceitos de sustentabilidade e a abordagem interdisciplinar permitiu lidar com a complexidade inerente aos grandes temas nos quais o RCGI tem atuado, aproveitando a capacidade criativa, a produção científica, tecnológica e de inovação para promover iniciativas de melhor desempenho e impacto social.

Dos 350 pesquisadores, o grupo conta com cerca de 35% de professores e uma maioria de cerca de 62% de estudantes, contribuindo com a formação e desenvolvimento de educação superior e pesquisa no Brasil, além de 3% de pessoal de suporte administrativo, fomentando emprego e renda.

Para apoiar a equipe de pesquisadores e de suporte, criou-se uma sede com três salas para aulas, conferências e reuniões presenciais e virtuais, onde as equipes se reúnem e se realiza a produção e disseminação de conhecimentos, propiciando um senso de pertencer a um centro de classe mundial. Esse espaço complementa o trabalho realizado nos 28 laboratórios da Universidade de São Paulo (USP), do Instituto de Pesquisas Energéticas e Nucleares (Ipen), da Universidade Federal de São Paulo (Unifesp), do Instituto de Energia e Ambiente (IEE), entre outros que também integram o RCGI.

É importante ressaltar o carácter interinstitucional e transdisciplinar, uma vez que o centro é formado por pesquisadores de várias instituições como a Escola Politécnica da USP (Departamentos de Engenharia Mecânica, Mecatrônica, Naval, Civil, Química, Elétrica, Materiais, Produção, de Petróleo, Telecomunicações e Controle, entre outros); outras unidades da USP como o Instituto de Energia e Ambiente (IEE); Instituto de Química (IQ); Instituto de Física (IF); Instituto de Matemática e Estatística (IME); Instituto de Química de São Carlos (IQ-SC); Escola de Agronomia Luiz de Queiroz (Esalq); Faculdade de Filosofia, Letras e Ciências Humanas (FFLCH); Escola de Artes, Ciências e Humanidades (EACH); Instituto de Psicologia (IP).

Há também outras universidades e instituições parceiras, tais como o Instituto de Pesquisas Nucleares (Ipen); o Instituto Mauá de Tecnologia (IMT); a Universidade Federal de São Paulo (Unifesp); Universidade Federal de São Carlos (Ufscar); Universidade Federal do ABC; Instituto Nacional de Pesquisas Espaciais (Inpe); Empresa de Pesquisa Agropecuária (Embrapa) e inclusive colaborações internacionais com o Imperial College de Londres (ICL); Universidade de Oxford; Universidade de Princeton; Universidade de Queenland

(Austrália); além da Universidade de Tóquio, entre outras. Vale citar também as colaborações centro a centro estabelecidas com o patrocínio da Fapesp e da National Science Foundation (NSF) e com os Engineering Research Centers (ERC), Poets (Power Optimization for Electro-Thermal Systems) e Cistar (Center for Innovation and Transformation of Alkane Resources).

Os projetos centram-se no desenvolvimento de soluções que permitem a transição de energia fóssil para uma energia mais limpa, incorporando combustíveis considerados de transição, como o gás natural e, posteriormente, o uso de biogás, e energias solar, eólica e hidrogênio.

Para o Brasil, essas tecnologias representam uma oportunidade de fornecer petróleo e gás para consumo interno, explorando a recém-descoberta formação geológica do pré-sal no litoral sudeste que envolve os estados do Espírito Santo, Rio de Janeiro, São Paulo, Paraná e Santa Catarina. No entanto, o óleo é produzido com altos teores de gás associado com uma concentração significativa de dióxido de carbono. Com isso em mente, as tecnologias de captura e armazenagem de carbono (*Carbon Capture and Storage* – CCS) podem viabilizar o armazenamento do gás associado na camada de sal da bacia do pré-sal. O armazenamento pode ser realizado por cavernas especialmente construídas, o que leva em conta a vantagem das características do sal nessa área[11].

Relacionando diretamente as atividades acima descritas com os projetos, esses têm contribuído principalmente com o ODS 7 – propiciar energia acessível e sustentável – e com o ODS 13 – tomar medidas urgentes para combater a mudança climática e seus efeitos. Entretanto, os projetos também têm contribuído de forma indireta com outros objetivos, como o ODS 2 – acabar com a fome e promover a agricultura sustentável; o ODS 3 – assegurar vida saudável e promover bem-estar; ODS 4 – propiciar educação de qualidade, por meio do programa de disseminação do conhecimento em que leva educação sobre os temas pesquisados para todos os públicos, desde os mais especializados até ao ensino básico nas escolas públicas e privadas.

Outros ODS que ainda fazem parte do contexto de execução do Centro são o 5 – alcançar a igualdade de gênero e empoderar todas as mulheres e meninas; o 9 – construir infraestrutura resiliente, promover industrialização

11. A.M. Costa *et al.*, "Potential of Storing Gas with High CO_2 Content in Salt Caverns Built in Ultra-Deep Water in Brazil", *Greenhouse Gases: Science and Technology*, vol. 9, n. 1, pp. 79-94, Dec. 2018.

inclusiva e sustentável e fomentar a inovação; e o 11 – tornar as cidades e os assentamentos humanos inclusivos, seguros e sustentáveis, entre outros[12].

Algumas das atividades e desenvolvimento de soluções inovadoras que elucidaram a atuação do RCGI com os ODS são perceptíveis por meio anos de atuação do Centro, e que tiveram impactos substanciais no desenvolvimento sustentável do Brasil. Alguns exemplos de alinhamento entre ações/projetos desenvolvidos pelo RCGI com os ODS são apresentados e contextualizados na tabela 1.

Tabela 1. Ações Desenvolvidas pelo RCGI e seu Alinhamento com os ODS

Ações/Projetos	Contextualização e Benefícios
Concepção de cavernas para separação e armazenamento de CO_2 e metano na camada de sal do pré-sal (Projeto 34)	Concepção de cavernas na camada de sal dos campos de produção de óleo e gás do pré-sal para separação gravimétrica de metano e CO_2. Após a separação, a caverna tem a capacidade de armazenar elevadas quantidades de Gás Natural, permitindo assim a monetização desse combustível produzido em larga escala nos campos do pré-sal. Estimativas indicam a possiblidade de gerar um adicional de US$ 10 a 20 bilhões/ano no PIB brasileiro, contribuindo com o eixo econômico para gerar riqueza para o país. Além disso, tais cavernas permitirão o armazenamento de elevadas quantidades de CO_2 (até 10 milhões de toneladas de CO_2 numa única caverna). Com isso, o Brasil será capaz de produzir energia limpa a partir de combustíveis fósseis por meio da captura e armazenagem de carbono (CCS). Nesse aspecto, contribui com as dimensões ambiental e social.
Concepção de Selos Labirínticos para Sistemas de Compressão de Metano (Projeto 10)	Metodologia de projeto de selos com potencial para diminuir 60% das emissões fugitivas mundiais de metano. Essas emissões ocorrem em compressores e outros equipamentos utilizados em polos petroquímicos, na produção e distribuição de gás natural e petróleo, entre outras. Os resultados também contribuem para os aspectos de sustentabilidade e preservação do meio ambiente.

12. K.L. Mascarenhas, "University-Industry-Government Partnership Working on Sustainable Development Goals in Brazil", *International Journal of Intellectual Property Management*, vol. 12, n. 1, pp. 42-63, 2022.

Concepção de Equipamentos Supersônicos Compactos para Separação de Metano e CO_2 com Sistemas de Feedback (Projeto 41)	O projeto desse novo equipamento tornará exequível a produção e utilização do gás associado do pré-sal a um custo substancialmente inferior ao atualmente praticado. O gás associado apresenta um elevado conteúdo de dióxido de carbono (CO_2) e é necessária sua purificação. O Separador Supersônico, utilizado conjuntamente com a Caverna para Separação e Armazenamento de CO_2 e metano, fará com que o gás purificado tenha uma substancial redução do seu custo de produção, causando um impacto econômico positivo.
Mapas georreferenciados dos potenciais teóricos de biogás, biometano e potência elétrica produzidos a partir de resíduos urbanos, rurais e agroindustriais do Estado de São Paulo (Projeto 27)	Os mapas georreferenciados permitem o planejamento estratégico e o desenvolvimento de modelo de negócio para a produção e distribuição de biogás no Estado de São Paulo. Os estudos poderão ser ampliados para gerar mapas similares para outros estados brasileiros e até mesmo para outros países.
Células a Combustível operando com Metano (Projeto 12)	O desenvolvimento de células a combustíveis operando com metano tornará a geração de eletricidade a partir deste gás mais eficiente e econômica, reduzindo o nível de emissões.
RCGILex website e RCGLex ferramenta (Projeto 21)	Constituem um repositório de informações referentes à legislação aplicável ao gás natural, tornando-se referência para pesquisadores, planejadores e gestores de políticas energéticas.
Transformação de metano em plástico biodegradável (Projeto 18)	Por meio de um processo químico utilizando bactérias, transformar metano em plástico à base de petróleo com propriedades de biocompatibilidade e biodegradabilidade. Nesse contexto, o processo biotecnológico poderia ser usado para transformar os gases de efeito estufa em produtos de valor agregado a um baixo custo.
Processos inovadores de conversão de CO_2 em produtos químicos e combustíveis de alto valor agregado (Projeto 30)	A pesquisa visa fortalecer a cadeia de valor de captura e armazenamento de carbono no Brasil e no mundo.

Produção de moléculas orgânicas a partir de CO_2 e H_2O por meio de fotocatálise e nano-óxidos (Projeto 31)	Através de processo semelhante a uma fotossíntese artificial, gerar produtos orgânicos com potencial de uso como combustível ou matéria-prima para produzir insumos para a indústria do petróleo, propiciando uma espécie de "limpeza do ar" a baixo custo.
Perspectivas de estocagem geológica de carbono em reservatórios de petróleo não convencionais *onshore* na Bacia do Paraná e turbiditos de bacias sedimentares *offshore* no sudeste do Brasil (Projeto 36)	O projeto avalia a viabilidade da implementação da tecnologia de armazenamento geológico de carbono (CGS) em reservatórios petrolíferos não convencionais, contribuindo para a redução de CO_2 na região sudeste, que concentra as principais fontes de emissão de carbono. Os reservatórios não convencionais são representados por formações de xisto da Bacia Sedimentar do Paraná e reservatórios de águas ultraprofundas, analisando os depósitos de turbidita da Bacia de Santos. O Projeto testa a hipótese de que xistos ricos em matéria orgânica podem absorver quantidades significativas de CO_2, ao mesmo tempo que a produção de gás e/ou petróleo e turbiditos de rochas reservatórios de petróleo também podem absorver CO_2 em capacidade compatível com a quantidade liberada nas atividades de produção de gás e petróleo do pré-sal. O resultado desse estudo reverte na possibilidade de produção de óleo e gás, coibindo a liberação de gases de efeito estufa na atmosfera e significativo impacto positivo para mitigar os efeitos das mudanças climáticas.
Estudos de impacto ambiental, legal e social para captura e armazenagem de carbono: CCS – Carbon Capture and Storage (projeto 42).	O Estudo de Impacto Ambiental (EIA) é um apoio ao processo de Licenciamento Ambiental de atividades, como captura de carbono, armazenamento/transporte associados à exploração e produção de gás. Com base nas atividades de CCS reguladas por políticas ambientais em outros países, o presente projeto propõe uma estrutura de EIA para o Licenciamento Ambiental de atividades de CCS específicas para o Brasil, com base na análise da legislação atual, aspectos institucionais e contingências socioambientais. Além disso, o projeto visa desenvolver cenários jurídicos para garantir uma implementação segura e eficaz das atividades de CCS, considerando *1.* o papel das autoridades reguladoras competentes; *2.* os principais requisitos de licenciamento ambiental; *3.* definição de propriedade de CO_2; e *4.* a alocação de passivos de longo prazo. Contempla também a compreensão dos aspectos sociais como a percepção dos diversos públicos e atores, assim como a licença social para implantar as tecnologias de CCS de larga escala.

Atuação Direta do RCGI com os ODS: Exemplos de Implementação

Esta sessão tem como objetivo apresentar de forma sucinta alguns exemplos específicos e pontuais das ações realizadas pelo RCGI com os ODS, demonstrado por meio de imagens e explanações sobre algumas atividades realizadas e que continuam atuantes dentro do Centro. Ressalta-se que apenas algumas dessas ações serão mostradas abaixo, como forma de evidenciar as informações anteriormente descritas.

Acabar com a Fome

Para contribuir com o ODS 2 – Acabar com a Fome e Promover a Agricultura Sustentável, pode-se citar os Mapas Georreferenciados dos Potenciais Teóricos de Biogás, Biometano e Potência Elétrica (Projeto 27), produzidos a partir de resíduos urbanos, rurais e agroindustriais no Estado de São Paulo[13]. Trata-se de um conjunto inédito de mapas interativos, disponível na internet, que estima o potencial de produção de biogás e biometano no Estado, e o potencial de geração de energia elétrica por meio do gás, por município, de acordo com três grandes fontes de obtenção do gás: resíduos de criação animal, resíduos urbanos e setor sucroalcooleiro. Seus dados mostram que São Paulo poderia gerar 7.567.822 MWh de eletricidade a partir do biogás, o que corresponde a 19% do consumo residencial do Estado, hoje da ordem de 39.136.918 MWh. Também poderia produzir 8,9 bilhões de m^3 de biometano, o que equivale a aproximadamente 72% do diesel comercializado no Estado em 2017[14].

O potencial total das três grandes fontes de obtenção do gás se desdobra em mapas mais específicos. Por exemplo: o grupo "resíduos de criação animal" tem mapas específicos para suinocultura, bovinocultura e avicultura. O grupo "resíduos urbanos" também tem mapas distintos para o potencial dos aterros sanitários e o das estações de tratamento de esgoto. E o setor sucroalcooleiro traz um mapa para a totalidade dos resíduos (vinhaça, torta de filtro e palha), e um somente para a vinhaça, que representa grande parte do po-

13. Disponível em: https://www.rcgi.poli.usp.br/interactive-maps-presentation-biogas-biomethane-and-eletric-power-in-sao-paulo/
14. S. T. Coelho (coord.) *et al.*, *Tecnologia de Produção e Uso de Biogás e Biometano*, São Paulo, IEE, 2018 (Série RCGI/USP/Synergia, Gases Combustíveis e Sustentabilidade).

tencial de obtenção de biogás, biometano e de geração de energia elétrica em São Paulo: o grupo estimou, considerando-se a safra 2015-2016, que o Estado poderia gerar 4.133 GWh/ano só com a vinhaça. Esse projeto pode contribuir na medida em que fomenta a agricultura sustentável, aproveitando resíduos para gerar energia para ser utilizada no próprio campo. Seja pela produção de energia para movimentação dos equipamentos, e também como combustível para caminhões na região.

Vida Saudável

Alguns dos projetos do RCGI têm direcionado as suas pesquisas para o bem-estar social da população, obtendo dados concretos de emissões, por meio de combustíveis fósseis, inclusive em rodovias. Os dados obtidos no Projeto 25 têm demonstrado problemas de saúde relacionados com as moradias na proximidade das rodovias devido ao alto nível das emissões de gases de efeito estufa. Outros projetos contribuem para a análise dos impactos ambientais e sociais de combustíveis mais limpos, como o etanol (Projeto 27).

Educação de Qualidade

O RCGI tem se preocupado em fomentar a interação entre a academia e a escola, com foco especial no Ensino Médio. Com este intuito, busca levar o conhecimento produzido na Universidade para as escolas. Desta forma, professores e pesquisadores do RCGI mantêm constante contato com professores das redes pública e privada do Ensino Médio, Ensino Fundamental e Escolas Técnicas, levando aos alunos o conhecimento sobre as atuações do Centro por meio de sua atuação em Comunicação e Disseminação do conhecimento. A figura a seguir registra uma palestra de um professor da Universidade de Tóquio aos alunos do Colégio Bandeirantes (em São Paulo, SP) em outubro de 2018, abordando tópicos relacionados a mudanças climáticas e implementação de novas tecnologias, como CCS.

Figura 3. Equipe do RCGI com o Professor Dr. Toru Sato (Universidade de Tóquio) em palestra realizada no Colégio Bandeirantes, São Paulo.

A figura 4 registra uma apresentação feita em São Paulo pelo professor Frederik Schultz (University of Munster, Alemanha) para setenta alunos da Escola Técnica (Etec) de Meio Ambiente Guaraci Silveira em julho de 2019, sobre "Uma História Global de Conhecimento das Hidrelétricas na América Latina: O Caso de Tucuruí".

Figura 4. Equipe do RCGI com o professor Frederik Schultz (University of Munster) em palestra realizada na Etec de Meio Ambiente Guaraci Silveira.

Outra frente que diz respeito ao ODS 4 é o RCGI Lex (Projeto 21), plataforma criada para aglutinar e analisar os marcos legais e regulatórios aplicados ao setor brasileiro de gás natural, especificamente no Estado de São Paulo, bem como incentivar comentários e discussões entre os principais especialistas em gás natural no Brasil. O RCGI Lex surgiu como uma ferramenta para compilar as legislações federal e estadual sobre gás natural, especificamente do Estado de São Paulo, adicionadas de conteúdos como comentários e entrevistas. A ideia inicial era organizar um repositório que agregasse os aspectos legais, políticos e regulatórios sobre gás natural e que pudesse ser enriquecido com conteúdo relativo aos objetos das normas. Ao longo do tempo, somaram-se à ferramenta a criação de um website e uma newsletter mensal enviada a pesquisadores, legisladores, instituições governamentais, mídia (impressa, eletrônica e digital), entre outros. No que se refere à divulgação científica, o Centro colaborou, até o momento, com mais de 360 artigos científicos, mais de quatrocentos anais de conferências e a publicação de quinze livros.

Igualdade de Gênero

Em conjunto com as lideranças femininas presentes nos diversos programas e projetos do RCGI, busca-se provocar a discussão sobre os desafios e conquistas das mulheres no ambiente científico, em especial em áreas de atuação culturalmente ocupadas por uma maioria masculina – justamente as principais áreas de atuação do Centro. Para ilustrar este movimento de empoderamento feminino, cabe citar o evento ocorrido em 2019 em parceria com a Sra. Irene Giner-Reichl, embaixadora da Áustria no Brasil e no Suriname. Na ocasião, foi lançada a Global Women's Network for The Energy Transition (GWNET) para a América Latina, rede que atua desde 2017 em todas as partes do mundo com o objetivo de fortalecer a atuação das mulheres do setor de energia. Ainda nesta iniciativa, foi promovido o "Diálogo em Energia Renovável e Transformação Energética" com a discussão do tema "O Papel da Mulher na Transição Energética".

Figura 5. Pesquisadoras do RCGI (USP), Unicamp, UFRJ, executivas de organizações privadas e a Embaixadora da Áustria no Brasil no debate "O Papel da Mulher na Transição Energética", realizado em junho de 2019.

Energias Renováveis

A própria existência do RCGI está diretamente ligada a este ODS (Energias Renováveis). Assim, cada um dos 46 projetos encerrados, como também aqueles em atividade hoje, buscam aprimorar a matriz energética brasileira de modo a melhor aproveitar os recursos do País e garantir energia mais barata, confiável, sustentável e renovável para todos. A missão do Centro em sua fundação consistiu em "desenvolver pesquisa e inovação para o uso sustentável do gás natural, biogás, hidrogênio e gestão, transporte, armazenamento e uso de CO_2 em escala global", tendo evoluído para também "por meio de Pesquisa e Inovação, apoiar o Brasil na redução da emissão de gases de efeito estufa e na realização da NDC (Contribuição Nacionalmente Determinada) brasileira sobre as mudanças climáticas, aproveitando a singularidade e liderança do Brasil em Bioenergia, Agricultura e Meio Ambiente". Desta forma, também contribui fortemente para o ODS 13 – mitigar os efeitos da mudanças climáticas.

Inovação e Infraestruturas

O modelo da tríplice hélice adotado para o funcionamento do Centro evidencia o investimento da iniciativa privada (através de colaboração com empresas) e do Governo (via Fapesp), em convergência com a universidade, a fim de ampliar a geração de pesquisa, desenvolvimento e inovação no país. Assim, fortalece-se a pesquisa científica, fonte de conhecimento para a melhoria das capacidades tecnológicas dos setores industriais no que diz respeito à eficiência e aproveitamento energético. Por sua vez, esse movimento acarreta processos industriais mais limpos e ambientalmente adequados.

Cidades e Comunidades Sustentáveis

Dentre as premissas do ODS 11 (Cidades e Comunidades Sustentáveis), está um item muito sensível ao Centro: reduzir, até 2030, o impacto ambiental negativo per capita das cidades, com atenção à qualidade do ar, gestão de resíduos entre outros. O RCGI também tem se preocupado com a mobilidade urbana sustentável. Nesse intuito, saber a opinião dos motoristas de caminhões sobre as questões que envolvem o sistema de transporte foi objeto de trabalho do Projeto 25, que desenvolveu um modelo de simulações inspirado no conceito de corredores azuis, os quais funcionam como rotas para transporte rodoviário (em geral, de veículos pesados) que utilizam gás natural (comprimido ou liquefeito). São Paulo tem sido alvo de inúmeras discussões relacionadas ao meio ambiente a mobilidade, pautas como o uso do gás natural como um combustível de transição, e o entendimento dos usuários sobre a urgência dessas medidas colocou o RCGI em contato com esse público. Tal atividade é documentada na figura abaixo.

Outro projeto que contribui no contexto da cidade de São Paulo refere-se ao mapeamento do uso de gás e eletricidade em ambiente doméstico utilizados de forma complementar. Por meio do Projeto 28, é possível propiciar uma redução de 11% da vulnerabilidade energética pelo provisionamento de gás em momentos de intermitência, além da viabilidade econômica dessa combinação. O Projeto 29 possibilita estimar emissões de CO_2 e outros gases em veículos híbridos movidos a gás natural e biometano, como alternativa de combustíveis para transporte urbano.

Figura 6. Equipe do RCGI em campo, coletando informações por meio de entrevistas com caminhoneiros sobre a possibilidade do uso de gás natural como combustível em caminhões (julho de 2019).

Consumo e Produção Responsáveis

Este ODS (Consumo e Produção Responsáveis) defende que até 2030 os esforços coletivos, provenientes de diferentes atores, alcancem a gestão sustentável e o uso eficiente dos recursos naturais. Também defende o manejo ambientalmente saudável dos produtos químicos e residuais. Tal proposição se conecta com o projeto 34 do RCGI, que estudou a construção de cavernas de sal para estocagem e separação de CO_2 e CH_4 na região do pré-sal, constituindo um sistema de CCS ou CCUS (Carbon Capture, Usage and Storage, ou seja, captura, uso e estocagem de carbono). Este último processo aplicado na área do pré-sal implica no uso de CO_2 reinjetado nos poços para maior extração de hidrocarbonetos, conhecido como recuperação avançada de óleo e gás (Enhanced Oil Recovery – EOR).

O ODS 12 também busca a redução substancial da geração de resíduos por meio da prevenção, reciclagem e reuso. Nesse campo, o Centro abrigou pesquisas em seu Programa de Abatimento de CO_2, que prosseguem no programa de captura e uso de carbono (Carbon Capture and Usage – CCU) e visam, entre outras proposições, converter o CO_2 em produtos químicos de alto valor agregado e combustíveis baseados em catalisadores híbridos; e a contribuição do biometano para aumentar a oferta de gás natural – estudo que envolve produção de biogás a partir da vinhaça, resíduos urbanos e rurais e biometano para uso veicular. Este último auxilia a disseminação da informação relevante e estilo de vida em harmonia com a natureza – um dos aspectos que o ODS também levanta. Em seus projetos do Programa de Físico-Química, atuou na conversão de biogás em bioprodutos; e a produção microbiana de plástico com propriedades biodegradáveis.

Combater as Alterações Climáticas

No contexto deste objetivo (combater as alterações climáticas), observa-se um vasto arcabouço de projetos no RCGI, considerando minimamente os dezesseis projetos cujo enfoque principal é o abatimento de CO_2 – reunidos no Programa de Abatimento de CO_2 (Projetos 30 a 45). Esses projetos são integrados na busca de soluções para armazenagem de CO_2 e outros gases em reservatórios na camada do pré-sal.

Por outro lado, procura contribuir com a educação da sociedade, para que esta esteja preparada e direcionada a tomar decisões sustentáveis, seja em iniciativas particulares e cotidianas, seja em ações coletivas de alto impacto. Para tanto, busca formar e estabelecer a troca de ideias com lideranças públicas e privadas sobre tecnologias voltadas para CCS e CCUS e para criação de legislação pertinente. O assunto é tratado no Projeto 42: Avaliação de Impacto Ambiental de Atividades de CCS no Brasil e Aspectos Legais. Este estudo colabora para a integração de medidas da mudança do clima nas políticas, estratégias e planejamentos nacionais.

Vida na Água

Pode-se observar a conexão entre este objetivo (vida na água) e alguns projetos realizados no Programa de Engenharia do RCGI, principalmente na garantia de conservação e uso sustentável dos oceanos. Entre as pesquisas, o Centro investigou Sistemas Híbridos de Potência para Embarcações (Projetos 4 e 7), que empregam baterias para armazenar energia, tornando-se possível eliminar transientes de carga no motor. Estudou-se ainda o emprego de combustíveis alternativos com baixo teor de enxofre e de Gás Natural Liquefeito como alternativa de curto prazo para substituir os óleos mais pesados.

Parcerias para o Desenvolvimento

Em alinhamento com o ODS 17 (Parcerias para o Desenvolvimento), o RCGI estabeleceu-se como um centro internacional, promovendo o diálogo e parceria com entidades nacionais e estrangeiras para fomento de pesquisa e o para diálogo com várias instituições públicas e privadas. A tabela 2 apresenta as principais colaborações com instituições estrangeiras. Já no âmbito nacional, destacam-se as interações com Ministérios, Secretarias, Governos estaduais e municipais; ANP (Agência Nacional do Petróleo, Gás Natural e Biocombustíveis).

Tabela 2. Parcerias Internacionais do RCGI

Instituições	Tipos de Parcerias
Imperial College, Londres	1. Participação do Sustainable Gas Institute, um convênio entre o Imperial College e a empresa Shell, na criação do RCGI; 2. Projetos comuns, intercâmbio de pesquisadores e programas de parceria; 3. Fellowship Programme de estudantes da USP no Imperial College – um programa de formação que contou com nove doutorandos, dois deles com duplo diploma e sete por um período de até um ano sanduíche, além de dois pós-doutorandos no exterior por meio do convênio entre USP e Imperial College, com supervisão compartilhada por professores de ambas as instituições e patrocínio do CNPq e da Shell; 4. A cátedra Fapesp São Paulo Excellency Chair (SPEC) – foi estabelecida com quatro professores eméritos do Imperial College para proporcionar a vinda destes cientistas de primeira linha do exterior para a criação de núcleos de pesquisa em universidades paulistas. O foco de tal cátedra é o desenvolvimento de células a combustível e formação de pós-doutorandos por meio de intercâmbio entre USP e Imperial College.
Natural Environment Research Council (Nerc), Reino Unido	Parceria Nerc e Fapesp (agências de fomento britânica e brasileira) no desenvolvimento de projeto conjunto entre o RCGI e universidades britânicas.
National Science Foundation (NSF), EUA	Colaboração centro a centro promovido pelo National Science Foundation (NSF), que é a agência de fomento em pesquisa americana que selecionou o RCGI como parceiro para desenvolvimento de projetos conjuntos com os centros de pesquisa em engenharia americanos Poets e Cistar.

<table>
<tr><td>Universidade de Princeton</td><td>Projeto de colaboração USP-RCGI e Universidade de Princeton nos Estados Unidos, focado em biocombustíveis e etanol, além de participação no projeto Rapid Switch, liderado por Princeton, que visa investigar caminhos para a transição energética em diversos países, no caso para o Brasil.</td></tr>
<tr><td>Universidade de Oxford</td><td rowspan="5">Projetos comuns, intercâmbio de pesquisadores e programas de parceria.</td></tr>
<tr><td>Universidade de Tóquio</td></tr>
<tr><td>Instituto de Tecnologia da Califórnia (CalTech)</td></tr>
<tr><td>Instituto de Tecnologia da Virgínia (VirginiaTech)</td></tr>
<tr><td>Instituto de Tecnologia da Georgia (GeorgiaTech)</td></tr>
</table>

Em sua governança, o RCGI conta com um painel internacional de conselheiros que são expoentes em suas áreas de atuação. Eles são oriundos da Universidade de Columbia (EUA), das Universidades de Groningen e de Utrecht (Holanda), do Laboratório Nacional de Química de Pune (Índia) e do Imperial College (Reino Unido), que se reúne anualmente para aportar direcionamento estratégico.

Desde sua criação, o RCGI realiza anualmente uma conferência internacional chamada Sustainable Gas Research Innovation (SGRI), que reúne especialistas do segmento para trocar conhecimentos em torno das melhores práticas, projetos, ideias e pesquisas em energias sustentáveis e de transição. Assim, promove o desenvolvimento, a transferência, a disseminação e a difusão de tecnologias ambientalmente sustentáveis. Além disto, com o RCGI Lex, estimula um debate em torno da regulamentação do setor e a necessidade de políticas públicas adequadas para a atuação dos *players* no segmento, para que realizem suas atividades com sustentabilidade.

Em 2019, a conferência foi renomeada para Energy Transition Research & Innovation (ETRI) e contou com mais de quatrocentos participantes nacionais e internacionais. Em 2020, devido à pandemia, a conferência tomou outro formato e foi substituída por três workshops com a apresentação de resultados dos programas que estavam finalizando seus projetos, além de uma edição especial denominada *Triple Helix Series – Integrating the Sustainable Development Goals into Energy Transition and Climate-Change: Views from Brazil and UK*, com o diálogo sobre a pesquisa em energia desenvolvida na estrutura de Hélice Tripla: Governo, Indústria e Academia, realizada com professores do RCGI, da USP e do Reino Unido.

Figura 7. Equipe do RCGI e participantes da conferência internacional Sustainable Gas Research Innovation em 2018.

Figura 8. Equipe do RCGI e participantes da conferência internacional Energy Transition Research & Innovation (ETRI) em 2019.

Considerações Finais

Neste capítulo, apresentou-se o estudo de caso do RCGI e as ações que estão sendo desenvolvidas na análise e integração de iniciativas de energia limpa para o Desenvolvimento Sustentável. Com base nos ODS, ações estão em andamento para evolução de maiores capacidades para a "Agenda de Energia 2030 no Brasil". Pode-se destacar as seguintes lições aprendidas na implementação dessa iniciativa:

1. Os desafios da Sustentabilidade só podem ser alcançados mediante Parcerias Estratégicas (ODS 17) que incluam Universidades-Empresas-Estado e Organizações Civis. Ainda é preciso que haja uma interação ativa entre todas as partes – e destas com a sociedade, a qual deve ser o objetivo e o sujeito da sua própria transformação;

2. Tecnologia e Sustentabilidade são essenciais para lidar com os desafios da Agenda 2030 das Nações Unidas, apoiando o triângulo da economia, do social e do ambiental, assim como a implementação dos Dezessete Objetivos de Desenvolvimento Sustentável num contexto de multidisciplinaridade e integração. O exemplo do RCGI permite comprovar, na prática, ações sendo realizadas com este intuito, como demonstrado no decorrer desse capítulo;

3. O Brasil é um país de extraordinárias potencialidades, capaz de produzir resultados significativos nas dimensões econômica, social e ambiental. As pesquisas desenvolvidas no âmbito do RCGI contribuem no sentido de produzir resultados diferenciados em todas as três dimensões;

4. Ainda há muito por fazer. O caso estudado do RCGI demostra que muito já se avançou, mas temos pouco menos de uma década até o ano 2030, quando a energia será ainda mais estratégica. O Centro certamente caminha em direção à excelência de classe nacional e mundial. O RCGI está comprometido com esse embalo, com esse *big push* que é necessário para articular a Tecnologia e a Sustentabilidade.

Agradecimentos

Os autores agradecem o apoio do RCGI (Research Centre for Gas Innovation), localizado na Universidade de São Paulo (USP) e financiado pela Fapesp (Fundação de Amparo à Pesquisa do Estado de São Paulo) e pela Shell Brasil, e a importância estratégica do apoio dado pela ANP (Agência Nacional do Petróleo, Gás Natural e Biocombustíveis) através do incentivo regulatório de P&D.

Referências

ASHWORTH, Peta; WADE, Sarah; REINER, David & LIANG, Xi. "Developments in Public Communications on CCS". *International Journal of Greenhouse Gas Control*, vol. 40, pp. 449-458, Sep. 2015.

BOWEN, Kathryn *et al.* "Implementing the 'Sustainable Development Goals': Towards Addressing Three Key Governance Challenges – Collective Action, Trade-Offs, and Accountability". *Current Opinion in Environmental Sustainability*, vols. 26-27, pp. 90-96, June 2017.

COELHO, Suani Teixeira (coord.) *et al. Tecnologia de Produção e Uso de Biogás e Biometano*. São Paulo, IEE, 2018 (Série RCGI/USP/Synergia, Gases Combustíveis e Sustentabilidade).

COSTA, Álvaro Maia da *et al.* "Potential of Storing Gas with High CO_2 Content in Salt Caverns Built in Ultra-Deep Water in Brazil". *Greenhouse Gases: Science and Technology*, vol. 9, n. 1, pp. 79-94, Dec. 2018.

FAGERBERG, Jan. "Mobilizing Innovation for Sustainability Transitions: A Comment on Transformative Innovation Policy". *Research Policy*, vol. 47, n. 9, pp. 1568-1576, Nov. 2018.

GUNNINGHAM, Neil; KAGAN, Robert & THORNTON, Dorothy. "Social License and Environmental Protection: Why Businesses Go Beyond Compliance". *Law & Social Inquiry*, vol. 29, n. 2, pp. 307-341, July 2006.

MASCARENHAS, Karen Louise. "University-Industry-Government Partnership Working on Sustainable Development Goals in Brazil". *International Journal of Intellectual Property Management*, vol. 12, n. 1, pp. 42-63, 2022.

______; PEYERL, Drielli; MORETTO, Evandro Mateus & MENEGHINI, Julio Romano. "Challenges for the Implementation of Carbon Capture and Storage (Ccs) in Brazil: A Socio-Technical Approach". *Polytechnica*, vol. 2, n. 1, pp. 1-8, Oct. 2019.

OWEN, John & KEMP, Deanna. "Social License and Mining: A Critical Perspective". *Resources Policy*, vol. 38, n. 1, pp. 29-35, Mar. 2013.

PELLEGRINO, Catherine & LODHIA, Sumit. "Climate Change Accounting and the Australian Mining Industry: Exploring the Links Between Corporate Disclosure and the Generation of Legitimacy". *Journal of Cleaner Production*, vol. 36, pp. 68-82, Nov. 2012.

CAPÍTULO 9

Política Macroeconômica e a Competitividade Industrial: A Importância da Engenharia

Maurício Martinelli Silva Luperi

Introdução

As economias em desenvolvimento são caracterizadas pelo atraso, seja em termos tecnológicos, seja em termos sociais, em relação aos países mais avançados. No que se refere ao problema do desenvolvimento econômico, o Brasil é um país de renda média que tem perdido competitividade. Vivemos um processo de desindustrialização, mesmo não tendo alcançado uma renda *per capita* da dimensão dos países desenvolvidos. Desde a crise da dívida externa na década de 1980, temos visto países como Coreia do Sul e China, que até então se encontravam no mesmo nível de desenvolvimento do Brasil, nos ultrapassarem. Na realidade, perdemos a ideia de um projeto de nação guiado pela industrialização, tendo o Estado como indutor. Praticamente todas as grandes nações desenvolvidas do planeta experimentaram, ao longo de sua história econômica, um processo de crescimento alavancado por industrialização com apoio estatal – se em algum momento como partícipe da produção, atualmente como defensor da indústria nacional[1].

É a ausência de investimentos públicos maciços em infraestrutura (como saneamento básico, transporte público), educação e inovação tecnológica, atrelada ao aumento de competitividade do setor privado, que nos faz perder

1. C. Furtado, *Brasil: A Construção Interrompida*, Rio de Janeiro, Paz e Terra, 1992.

o bonde do desenvolvimento. Ao olharmos o investimento privado chinês em torno de 40% do PIB em equipamentos, instalações, infraestrutura e tecnologia, notamos o quão atrasados estamos e ficaremos mais ainda se não tivermos um projeto de país que alavanque tanto o investimento privado quanto o público nesses setores.

É nesse contexto que a engenharia e a inovação tecnológica devem andar juntas para contribuir para aumento da produtividade da indústria nacional, abrindo o mercado internacional para produtos e serviços com maior conteúdo tecnológico agregado. Temos capital humano significativo na academia e no setor produtivo que pode ser utilizado para gerar inovações capazes de tornar nossa indústria mais competitiva nos setores de alta tecnologia: telecomunicações, automóveis, mecânica de precisão, mecatrônica, química fina, aviões, softwares, energia nuclear. Os exemplos da Embraer, Avibras e Petrobras são emblemáticos.

O esforço coletivo dos engenheiros deve fazer parte de um projeto de nação que envolva necessariamente uma política econômica cambial que permita os produtores internos competir no mercado internacional (*tradables*), como a China fez durante mais de trinta anos, desvalorizando sua moeda. Temos em nosso país economistas que construíram modelos que podem servir para este fim, como o Novo Desenvolvimentismo, criado pelo ex-ministro Luiz Carlos Bresser-Pereira[2], que será discutido no decorrer deste capítulo. A princípio, apresentamos algumas ideias sobre o desenvolvimento para, em seguida, trazer à luz algumas questões que hoje parecem esquecidas pelos governos no que concerne ao incentivo à indústria nacional e à necessidade de um projeto guiado pelo Estado que incentive e apoie a indústria nacional, seja pela abordagem microeconômica (desenvolvimento tecnológico, inovação, produtividade), seja pelo aspecto macro em que as variáveis-chave são a taxa de câmbio e a taxa de juros.

2. L. C. Bresser-Pereira, "Novo Desenvolvimentismo: Um Segundo Momento do Estruturalismo Latino-Americano", *Revista de Economia Contemporânea*, vol. 24, n. 1, pp. 1-20, 2020.

Definições

Quem melhor definiu desenvolvimento econômico foi Celso Furtado[3]:

> As teorias do desenvolvimento são esquemas explicativos dos processos sociais em que a assimilação de novas técnicas e o consequente aumento de produtividade conduzem melhoria do bem-estar de uma população com crescente homogeneização social.

Nessa definição mais geral, pode-se incluir distribuição de renda e oferecimento de serviços públicos de qualidade para população, como saúde, educação, transporte coletivo; bem como o investimento em infraestrutura para redução de custos da produção industrial. Ou seja, além do crescimento econômico, um país deve ter um bom mecanismo de distribuição de renda e investimentos públicos em áreas importantes para que a sociedade cresça em bem-estar. Uma das melhores formas de se distribuir renda é aumentar a oferta de empregos de qualidade, ou seja: com vínculos empregatícios formais e na indústria, pois é ela que proporciona salários melhores, dada a produção de bens com valor agregado mais elevado.

Para que um país gere empregos de melhor qualidade, é necessário projetar e produzir bens com maior conteúdo tecnológico (na fronteira do estado da arte), pois isto permite elevar o valor agregado do que é exportado. E se os produtos industriais têm essa característica, seus preços são menos voláteis do que os das commodities no mercado internacional. A volatilidade dos preços das commodities, que compõem em grande parte a pauta de exportações brasileiras, provoca uma pronunciada deterioração dos termos de troca, porque, por exemplo, o preço de um iPhone tem menor variação que o da soja ao longo do tempo. Isso tende a gerar maior ganho para os países desenvolvidos, principalmente quando o preço das commodities está em baixa no mercado internacional.

Por outro lado, o incentivo à indústria para exportar bens de maior valor agregado não implica na diminuição da exportação de commodities; haja vista o sólido desempenho econômico da Austrália (grande produtor de commodities), se comparado ao do Brasil. Assim, deve haver um incentivo à ele-

3. C. Furtado, *Brasil: A Construção Interrompida*.

vação das exportações de bens industrializados de alta tecnologia, pois isso promove a expansão da produção industrial local e gera empregos de melhor qualidade.

Para que haja expansão da produção de bens industrializados exportáveis, contribuem três fatores fundamentais: *1.* que se tenha instalado um parque industrial suficientemente capaz de acompanhar os avanços da tecnologia; *2.* que os bens produzidos pela indústria nacional sejam competitivos no mercado internacional e *3.* que o preço mais elevado (em reais) de determinado bem industrial exportável induza a indústria local a produzir esse tipo de bem. Não há dúvida, nesse contexto de competividade internacional, que o Estado deve atuar através de fina sintonia entre política econômica e industrial.

Neste capítulo, abordamos dois aspectos da competitividade industrial: a princípio trataremos dos aspectos microeconômicos ligados a questões de inovação tecnológica de maneira geral, para depois discutir os aspectos macroeconômicos. No que se refere a políticas macro, nós nos apropriamos das ideias do Novo Desenvolvimentismo[4], teoria que está sendo construída pelo ex-ministro Luiz Carlos Bresser-Pereira junto com um grupo de economistas. Minha contribuição, nesse sentido, é a de trazer algumas ideias para a teoria novo-desenvolvimentista que poderiam possibilitar a queda da taxa juros no Brasil principalmente no que se refere ao Regime de Metas de Inflação (RMI), que nada mais é que uma regra de determinação da taxa de juros, e que também tem impactos na taxa de câmbio e, por consequência, na competitividade da indústria nacional.

A princípio, é necessário entender que, para contribuir para o desenvolvimento, é necessário haver um processo de endogenização da inovação tecnológica, que pode ser definida como toda novidade implantada pelo setor produtivo, por meio de pesquisa ou investimentos, que aumenta a eficiência do processo produtivo ou que implica em um novo ou aprimorado produto, de acordo com o *Manual de Oslo*[5]. Para leitores não versados em economia, é informativo explicar que uma variável é endógena quando é determinada

4. L. C. Bresser-Pereira, "Novo Desenvolvimentismo: Um Segundo Momento do Estruturalismo Latino-Americano".

5. OCDE – Organização para Cooperação e Desenvolvimento Econômico, *Manual de Oslo: Diretrizes para Coleta e Interpretação de Dados sobre Inovação*, 3. ed. em língua portuguesa, Brasília, Finep, 1997.

dentro do próprio modelo e é exógena quando é determinada por uma ação externa não derivada do modelo.

Teorias da Economia sobre Inovação Tecnológica

Nesta seção, abordaremos as contribuições pioneiras de Karl Marx e de Joseph Schumpeter ("destruição criadora"), seguidas das teorias mais recentes de Freeman e Lundvall, que levaram ao conceito de Sistema Nacional de Inovação (SNI).

Karl Marx

Um dos precursores da discussão sobre inovação foi Karl Marx, que a abordou como um processo endógeno capitalista guiado pela competição e necessidade de acumulação de capital. Exemplo: a Índia no século XVIII. Marx, em *O Capital*[6], cita o exemplo da Índia, quando era colônia da Inglaterra. Na época da Primeira Revolução Industrial, a indústria infante na metrópole era predominantemente de tecidos de lã. Entretanto, por causa do clima da Índia, a produção de vestuário era feita por pequenos artesãos com fios de algodão. Ou seja, a Inglaterra não tinha sucesso na venda de roupas de lã na Índia.

Segundo Marx, isto foi um incentivo na época para a produção em massa de tecidos de algodão pela indústria inglesa, o que acabou por gerar uma inovação na manufatura desse tipo de mercadoria. Com custo reduzido pela produção em escala, os pequenos artesãos indianos foram destruídos competitivamente pelo produto inglês confeccionado em algodão. Seria esse o momento histórico em que teria ocorrido a fundação do modo de produção capitalista propriamente dito, pois a competição, a inovação tecnológica e o uso da ciência passaram a fundamentar os processos de produção. Quem não inovava poderia ser destruído, pois não conseguiria competir com produtos cujas tecnologias fossem mais produtivas e oferecessem produtos a um preço menor.

Quando o processo de inovação tecnológica é guiado pela competição no mercado, sem uma interferência externa, e esta competitividade se perpetua ao longo do tempo gerando inovações tecnológicas, dizemos que se trata de

6. K. Marx, *O Capital: Crítica à Economia Política*, São Paulo, Boitempo, 2013.

um processo endógeno gerador da inovação tecnológica. Quando há necessidade de interferência, por exemplo, do Estado para que a inovação aconteça, dizemos que o processo de inovação é exógeno.

Joseph Schumpeter

Outro autor precursor da discussão sobre inovação foi Joseph Schumpeter[7], que em seu livro *A Teoria do Desenvolvimento Econômico*, de 1911, afirma que inovação tecnológica se dá por saltos e é um processo exógeno. Para Schumpeter, são as novas combinações tecnológicas que dão origem às mudanças e, consequentemente, ao desenvolvimento econômico. Esse processo de inovação se daria por meio de: *1.* introdução de um novo bem no mercado; *2.* introdução de um novo método de produção; *3.* abertura de um novo mercado; *4.* conquista de uma nova fonte de oferta de matéria-prima ou de bens semimanufaturados; *5.* estabelecimento de uma nova organização de qualquer indústria, como a criação de uma posição de monopólio[8].

Para Schumpeter[9], as mudanças inovadoras são fruto de novas combinações que produzem o processo chamado de "destruição criadora" ou "destruição criativa", processo em que há uma revolução incessante da estrutura econômica por meio das mudanças tecnológicas. Todavia, quem guia essas mudanças é o empresário inovador, agente principal do desenvolvimento econômico.

O processo de destruição criadora é um processo em que as novas tecnologias destroem as antigas e as empresas devem se adaptar para sobreviver. Com o advento das inovações e das "tempestades" de destruição criadora, a concorrência passa a não ser apenas via preços. Existe uma tendência ao monopólio, não à concorrência perfeita. Ou seja, haveria uma tendência de fusões e aquisições em que a pequena empresa desapareceria.

Schumpeter também se preocupa com o financiamento da inovação e aí o crédito bancário é fundamental. Os bancos são parte importante do sistema para financiar as novas combinações geradas por inovações tecnológicas. Nes-

7. J. Schumpeter, *A Teoria do Desenvolvimento Econômico: Uma Investigação sobre Lucros, Capital, Crédito, Juro e o Ciclo Econômico*, Barueri, Nova Cultural, 1997.
8. *Idem*.
9. *Idem*.

se sentido, a teoria do desenvolvimento econômico de Schumpeter é baseada três pilares: *1.* empresário empreendedor, *2.* inovação tecnológica (destruição criadora) e *3.* o sistema de crédito para financiamento da inovação e produção.

O desenvolvimento econômico seria a ruptura de um fluxo normal por um conjunto combinado de inovações guiadas por empresários empreendedores. Ou seja, as inovações se dariam por saltos. Podemos pensar em um exemplo como o da estrutura produtiva basicamente mecânica, que prevalecia até a década de 1970 e que foi superada pelas inovações eletrônicas. Tais inovações proporcionaram a miniaturização de componentes que serviram de base para semicondutores e computadores. O empresário empreendedor pode ser interpretado em um país como um conjunto de pessoas que conduzem as mudanças tecnológicas gerando desenvolvimento econômico. Alguns autores interpretam até mesmo como um conjunto de líderes políticos que governam o país nessa direção.

Neoschumpeterianos e as Inovações Incrementais

Há setores dominados pela escala de produção nos quais a inovação tecnológica é gerada pelo projeto de sistemas produtivos complexos em que as atividades de inovação são geradas pelos departamentos de P&D. Existe uma preocupação com a difusão das novas tecnologias por etapas: conhecimento (empreendedor toma conhecimento da inovação), persuasão (convencimento), decisão (sim ou não), implementação e confirmação (reforço de que continuará com inovação).

Se para os schumpeterianos a inovação se dá por saltos, para os neoschumpeterianos as inovações são incrementais[10]. Um exemplo em que podemos verificar esse tipo de inovação nos dias de hoje é o do mercado de telefones celulares, onde inovações são incrementais em seus modelos mais sofisticados. Ou seja, não há grandes mudanças da fabricação de um modelo mais recente para o anterior.

10. H. Hanusch e A. Pyka, "The Principles of Neo-Schumpeterian Economics", *Cambridge Journal of Economics*, vol. 31, n. 2, pp. 275-289, Feb. 2007.

Sistemas Nacionais de Inovação

Uma gestão eficaz da inovação é a chave para o sucesso na era da economia do conhecimento, da capacidade tecnológica e do desenvolvimento econômico sustentável – daí a importância dos estudos sobre Sistemas Nacionais de Inovação (SNI). O conceito de SNI foi apresentado por Freeman[11] e Lundvall[12] e enfatiza a interatividade entre produção e inovação, a importância de inovações tecnológicas e organizacionais, incrementais e radicais, e suas diferentes fontes. O SNI é uma parte do sistema social que contribui para o desenvolvimento, a disseminação e a sustentabilidade da inovação tecnológica.

É necessário haver uma compreensão ampla e sistêmica do processo de inovação para se evitar o equívoco da excessiva ênfase em pesquisa e desenvolvimento (P&D). Deve-se incentivar a adoção uma perspectiva abrangente em relação às oportunidades de aprendizagem e à inovação, pois cada país possui instituições diferentes e específicas importantes para configuração do seu próprio SNI. Por isso, o Sistema Nacional de Inovação deve ser dinâmico levando em consideração os aspectos específicos estruturais de instituições que cada país possui[13].

Na estrutura do Sistema Nacional de Inovação existe o nível das microempresas inovadoras, universidades, institutos de pesquisa, parques tecnológicos etc. No nível médio, existe a produção, o comércio, o emprego, o investimento e a educação. Em um nível macro, temos a macroeconomia, contexto social, político e cultural. Tanto no nível microeconômico quanto no nível macro, a importância do Estado se faz presente. Não se trata apenas de uma política de governo ou partidária, mas sim a defesa da nação brasileira tal qual as nações desenvolvidas sempre o fizeram, buscando sua independência econômica e tecnológica e a não submissão a um papel de mero produtor de bens primários.

11. C. Freeman, "Technological Infrastructure and International Competitiveness", Draft Paper Submitted to the OECD *Ad Hoc Group on Science, Technology and Competitiveness*, Paris, OECD, 1982.
12. B.-A. Lundvall, *Product Innovation and User-Producer Interaction*, Aalborg, Aalborg University Press, 1985.
13. *Idem*; C. Freeman, "Technological Infrastructure and International Competitiveness".

Pensando em termos de desenvolvimento econômico, podemos verificar que as economias dos países desenvolvidos se fortaleceram a partir de uma ação do Estado para incentivar as inovações tecnológicas de seus bens industrializados para competição no mercado internacional, propiciando uma endogenização do processo de inovação tecnológica. Não é à toa que observamos verdadeiras guerras comerciais entre potências econômicas hegemônicas, como Alemanha e Inglaterra antes da Primeira Guerra Mundial, ou EUA e China na atualidade. Esses governos tomam interesses das suas indústrias nacionais como seus, porque na realidade o são. O que é preciso entender é que o capital tem fronteira e tem sede.

Nesse contexto, na disputa pelo mercado global das telecomunicações, o governo Trump empreendeu guerra contra uma empresa chinesa em 2019 em defesa de empresa local. Também vimos a assertividade do Canadá em defender sua fabricante de aviões (Bombardier) na competição com a brasileira Embraer. No caso do embate recente entre EUA e China no campo da tecnologia 5G, ambos os governos se acusaram mutuamente de espionagem para defender suas empresas. Mazzucato[14] relata vários conflitos comerciais entre empresas multinacionais que ganharam matiz geopolítico ao envolverem governos de seus respectivos países-sede. Tais evidências sinalizam que, nas nações mais desenvolvidas, o Estado tem importante papel na promoção e defesa da sua indústria.

Ao longo dos séculos, governos dos países mais avançados têm favorecido indústrias nacionais e contribuído com o processo de endogenização de tecnologias mais produtivas, seja em períodos de maior liberalização econômica (quando seus produtos são mais competitivos, a exemplo da Inglaterra na Primeira Revolução Industrial); seja em períodos com maior intervencionismo econômico, como na chamada "época de ouro do capitalismo", que vai do fim da Segunda Guerra Mundial aos anos 1970.

A teoria econômica que hoje prevalece no *mainstream* do pensamento acadêmico prega a anarquia de preços com base em empresas atomizadas, cujo bem é uma commodity. Tal tipo de empresa é entronizado como um

14. M. Mazzucatto, *O Estado Empreendedor: Desmascarando o Mito do Setor Público vs. Setor Privado*, São Paulo, Schwartz, 2014 (Portfolio-Penguin).

modelo ideal. Porém, na realidade, sabemos que essa teoria dominante é útil para analisar mercados específicos, mas não serve para analisar os mercados oligopolizados diferenciados. Também a Teoria dos Jogos[15], utilizada para analisar oligopólios, não consegue inferir previsões ou explicar como esses mercados funcionam, pois se sustenta em uma utopia, que é a Teoria do Equilíbrio Geral[16] em todos os mercados.

Nas economias de renda média como a do Brasil, há necessidade do incentivo estatal à criação e/ou implantação de indústrias que existem em todos os grandes países desenvolvidos ou que pretendem chegar nesse estágio. Assim, em países menos desenvolvidos e de renda média, faz-se necessária a presença de um Estado que incentive a inovação industrial, que invista em infraestrutura de P&D (nas universidades e centros de pesquisa), transporte, educação e saúde, para que haja aumento da competitividade da indústria nacional e o processo de inovação tecnológica se endogenize.

Num passado recente, tanto o desenvolvimento de tecnologia *offshore* para extração de petróleo em águas profundas pela Petrobras como o sucesso dos aviões comerciais da Embraer são exemplos do processo de endogenização tecnológica ocorridos no Brasil. Em ambos os casos, é muito clara a ação do Estado na indução dessa endogenização. Todavia, no que diz respeito ao futuro, devido à constante e rápida expansão das fronteiras da tecnologia, parques industriais hoje consolidados podem se tornar obsoletos dentro de um curto intervalo de tempo, caso não acompanhem a evolução do estado da arte. Assim, oportunidades geradas pela indústria 4.0 podem desencadear inúmeros processos endógenos de inovação que alavanquem a competitividade e o desenvolvimento econômico nacional. Para isto, engenharia e inovação devem andar juntas e o Brasil não deveria perder tal janela de oportunidades.

Embora seja importante a ação do Estado como indutor do desenvolvimento, uma consequência negativa para o progresso e modernização da indústria nacional pode ser advinda de políticas de proteção muito rígidas ou de excessiva duração. Um exemplo disto foi a "reserva de mercado" aplicada à indústria de informática até a década de 1980. De fato, a proteção à indústria

15. H. R. Varian, *Microeconomia: Uma Abordagem Moderna*, 9. ed., São Paulo, Gen Atlas, 2015.

16. J. Kornai, *Anti-Equilibrium: On Economic Systems Theory and the Tasks of Research*, New York, Augustus M. Kelley, 1991.

nacional incipiente deve existir somente até que esta se desenvolva e possa competir no mercado internacional. Tal proteção, quando necessária, não deveria ser feita através de imposição de tarifas de importação, visto que ferem as regras da Organização Mundial de Comércio (OMC), mas através do preço de exportação (em moeda estrangeira) de produtos e serviços.

Portanto, em um primeiro momento, até que se atinja um estágio de desenvolvimento em que um produto industrial (ou serviço) possa competir no mercado internacional, deve haver uma política macroeconômica que possibilite um preço competitivo aos produtores locais, a exemplo do que a China fez durante quase três décadas até 2008. Por outro lado, não se pode deixar de considerar o efeito *spillover* ou "contágio" de tecnologias internacionais e a inovação no nível nacional. Por isso, atingido um certo grau de maturidade de determinado nicho da indústria, deve-se incentivar a abertura comercial, pois a aprendizagem e cópia (engenharia reversa) são fontes significativas de progresso técnico, respeitados os direitos de propriedade intelectual.

Para se construir um saudável regime de concorrência, é essencial a existência de um SNI (Sistema Nacional de Inovação) que absorva as tecnologias estrangeiras avançadas e leve as empresas nacionais a praticarem a inovação. No nível internacional, a concorrência deve motivar as empresas estrangeiras a trazerem suas tecnologias mais avançadas para o mercado doméstico[17]. Tal política, habilmente conduzida pelos chineses, atraiu as maiores corporações mundiais para se estabelecer naquele país.

O Estado também pode mediar e impulsionar interação entre empresas, institutos de pesquisa e universidades para promover a inovação[18]. Por outro lado, ter a orientação do governo não significa que ele deva investir em P&D diretamente, mas que formule e implemente políticas de inovação e incentive operações conjuntas, como bem explica neste livro o capítulo sobre a Embrapii. Ao mesmo tempo, o governo deve promover e incentivar a implantação e modernização de uma infraestrutura de pesquisa que permita e favoreça a inovação e produtividade, como tem feito historicamente a Finep. Tais políticas de Estado devem ser reforçadas e ampliadas.

17. Z. Bingwen e Z. Huibo, "Estudo Comparativo sobre Sistemas Nacionais de Inovação nas Economias BRIC", *Revista Tempo do Mundo*, vol. 2, n. 2, pp. 119-147, ago. 2010.
18. B.-A. Lundvall, *Product Innovation and User-Producer Interaction.*

O Novo Desenvolvimentismo

O Novo Desenvolvimentismo é um construto teórico que visa prescrever políticas macro para o desenvolvimento econômico de um país com renda média. De acordo com Bresser-Pereira[19], a macroeconomia estruturalista do desenvolvimento foca sua atenção na demanda. Sem ignorar o lado da oferta, Bresser identifica a existência de uma tendência à sobreapreciação das moedas nacionais nos países em desenvolvimento que prejudicam seu desenvolvimento industrial.

Na economia em desenvolvimento, ocorrem duas tendências. Na primeira delas, a remuneração dos trabalhadores se encontra abaixo da produtividade, ou seja, o custo de contratação de mão de obra é mais barato. A segunda tendência diz respeito à sobrevalorização da moeda nacional, gerada pela doença holandesa e altas taxas de juros. A doença holandesa, também chamada de maldição dos recursos naturais, gera valorização da moeda nacional, pois partindo-se de uma situação em que há equilíbrio na balança comercial, as exportações de bens primários começam a se amplificar gerando entrada de dólares e valorização da moeda nacional, o que impede setores industriais de se desenvolverem.

Tal fato ocorre porque o ganho de poder de compra dos residentes, mediante o barateamento dos bens estrangeiros, faz as importações de bens industrializados aumentarem em relação ao consumo de bens nacionais. Nossa indústria, nessa situação, perde competitividade por causa da variável preço. Se até então havia estímulos à inovação tecnológica nacional em indústrias de ponta, a falta de atratividade do setor industrial passa a restringir esse tipo de atividade dada a falta de recursos necessários. Com o tempo, ocorrem déficits em conta corrente do balanço de pagamentos[20] do país.

19. L. C. Bresser-Pereira, "Novo Desenvolvimentismo: Um Segundo Momento do Estruturalismo Latino-Americano".
20. O balanço de pagamentos registra todas as transações de bens, serviços e capitais do Brasil com o exterior em moeda estrangeira. As contas correntes incluem a balança comercial, a balança de serviços, renda primária e a renda secundária. A valorização da moeda nacional acaba por aumentar o nível de importações, o que contribui para que ocorra saldos negativos no saldo total dessas contas. Esses saldos têm de ser financiados por capitais externos – daí a origem do termo, denominado por Bresser, de poupança externa que nos financia, uma vez que o que nos financia são recursos não gastos nos países de origem.

Outro fator que contribui com o processo de apreciação cambial é a elevação da taxa de juros com objetivo de conter a inflação. A doença holandesa e a elevação da taxa de juros fazem parte do que Bresser-Pereira chama de decisão de um país de crescer com poupança externa, pois o saldo negativo nas contas correntes provoca uma enxurrada de dólares para financiá-lo. Com isso, os bens industriais importados ficam mais baratos em ralação aos nacionais, o que acaba por desestimular a produção industrial interna, enquanto as exportações de bens primários continuam competitivas dada a alta produtividade e abundância de recursos desse setor no Brasil.

A doença holandesa implica em dois equilíbrios na taxa de câmbio: *1.* um equilíbrio corrente, em que há uma sobreapreciação da moeda nacional decorrente da elevada exportação de commodities; *2.* equilíbrio industrial, que corresponde a uma moeda nacional substancialmente desvalorizada, o que torna mais competitivos os bens industrializados no mercado internacional que utilizam tecnologia de ponta. A diferença entre as duas taxas (corrente e industrial) indica a gravidade da doença holandesa. Existe um centro na FGV comandado pelo prof. Bresser e pelo prof. Nelson Marconi que busca calcular o valor da taxa de câmbio de equilíbrio industrial baseada no custo unitário do trabalho.

Para anular os efeitos da doença holandesa, segundo Bresser, deve-se ter um imposto ou retenção sobre a exportação das commodities no valor da diferença entre o equilíbrio industrial e o equilíbrio corrente, como fazem Noruega e Chile. Isto pode ocasionar uma depreciação da moeda nacional, resultando no deslocamento do equilíbrio corrente da taxa de câmbio, o que impactará positivamente as exportações. Entretanto, no curto prazo, há um impacto negativo sobre o salário real, pois ocorrerá perda do poder de compra do trabalhador devido à elevação do preço dos bens importados, dado que nossa moeda valerá menos. Contudo, no longo prazo, a tendência é que o salário real se eleve, a exemplo do que ocorre hoje com a China.

Taxa de Juros

No Novo Desenvolvimentismo, o Estado também deve realizar uma política cambial que neutralize a tendência à sobreapreciação da moeda nacional, não só anulando os efeitos da doença holandesa, mas também reduzindo as taxas de juros[21].

Para controlar a taxa de juros, é necessário que o governo rejeite a política de crescimento com endividamento externo, controle a entrada de capitais e não adote a âncora cambial para controlar a inflação. Bresser-Pereira é a favor de um orçamento público equilibrado quando não se está em crise[22]. Todavia, também existem outras maneiras de reduzir a taxa básica de juros que se referem ao nosso sistema de determinação da taxa básica de juros pelo Bacen, que é o nosso Regime de Metas de Inflação (RMI). Por isso, a pergunta que fazemos é: como minimizar os efeitos do aumento das taxas de juros nos países em desenvolvimento que adotam o regime de metas de inflação?

A elevada taxa básica de juros histórica no Brasil atrai capital estrangeiro para aplicações em títulos da dívida pública interna, causando apreciação cambial. A taxa básica de juros Selic (Sistema Especial de Liquidação e Custódia) é determinada pelo Comitê de Política Monetária (Copom), formado pelo presidente e diretores do Banco Central (Bacen) e que baseia suas decisões no Regime de Metas de Inflação (RMI) a cada 45 dias. O RMI é que é uma regra de taxa de juros. Se as expectativas de inflação se elevam, o Bacen acaba por ajustar para cima a Selic com o objetivo de conter a demanda de bens e serviço, buscando diminuir a pressão inflacionária de maneira que se mantenha na meta estabelecida.

Entretanto, uma das críticas que se lança é que muitas elevações da taxa de juros são feitas quando não há uma expectativa inflacionária gerada por um aumento consistente e permanente da demanda interna, mas sim por causa de uma inflação de custos como, por exemplo, a elevação do preço do petróleo no mercado internacional, que se traduz elevação de custos internamente, dada a política de preços da Petrobras de funcionar como a de uma empresa privada[23].

Entretanto, nessa situação, a inciativa do Copom de elevar a taxa de juros não faz com que a demanda de petróleo diminua no mercado internacional (por motivos óbvios), mas sim recaia sobre outros tipos de bens, como os bens

21. L. C. Bresser-Pereira, "Novo Desenvolvimentismo: Um Segundo Momento do Estruturalismo Latino-Americano".
22. *Idem*.
23. Banco Central do Brasil, "Histórico das Metas para Inflação". Disponível em: <https://www.bcb.gov.br/controleinflacao/historicometas.

duráveis, cuja elasticidade de preço-demanda é maior. Com isso, a partir de uma elevação do preço do petróleo, tudo mais constante, há um impacto sobre a inflação interna que faz com que o Copom eleve a taxa de juros interna e, desse modo, reduza a demanda de bens e serviços, diminuindo pressões inflacionárias. Entretanto, a elevação da taxa de juros não faz com que o principal responsável pela elevação da inflação, a demanda de petróleo, se reduza, mas sim provoca redução de demanda de outros tipos de bens.

Ou seja, a elevação da taxa de juros pelo Banco Central contribui para a valorização da moeda nacional, a perda de competitividade do bem nacional industrial em relação ao estrangeiro, o aumento da dívida pública e a queda do crescimento econômico. Além dessa crítica à condução da política monetária por meio do RMI, existem outras que abordaremos a seguir. A questão é como, por meio da adoção do RMI, poderia haver uma taxa de juros menor que não gerasse a valorização da moeda nacional e a perda de competitividade dos bens industriais brasileiros?

Uma hipótese é que, como o cálculo do Índice de Preços ao Consumidor (IPC) é feito com base em uma cesta fixa de bens, o efeito substituição não é considerado e, portanto, o IPC (no Brasil é o IPCA[24]) poderia estar superestimado. Assim, é realista esperar que as expectativas de metas de inflação possam estar superestimadas e, consequentemente, a taxa de juros necessária para manter a inflação na meta também poderia estar. Uma taxa de juros acima da necessária pode provocar aumento da dívida pública tanto pelos títulos indexados ao IPCA quanto pelos juros superestimados que deverão ser pagos *a posteriori*. Somado a isso, o IPC também pode estar sobreavaliado em função da entrada de novos bens no mercado que o índice não capta. Tal superestimação pode ter impacto positivo sobre a valorização da moeda nacional, reduzindo a competitividade industrial e o crescimento econômico.

Uma maneira de minimizar os efeitos das taxas de juros é calcular a superestimação da inflação causada pelo uso do IPC, como fizeram os EUA, a partir de 1995. Calculada essa superestimação, os formuladores de política econômica poderiam minimizar as expectativas superestimadas e aumentar as taxas de juros em menor grau. Com isso, o impacto sobre a tendência e apreciação da moeda nacional seria menor, contribuindo para maior competitividade da indústria nacional.

24. Índice Nacional de Preços ao Consumidor calculado pelo IBGE.

Nos países em desenvolvimento, com a possibilidade de se calcular uma média dessa superestimação e com a aprovação de uma nova legislação, é possível que os novos contratos indexados pelo IPCA possam conter cláusula de desconto para essa superestimativa. Isso poderia reduzir as expectativas de inflação, a taxa de juros básica, a dívida pública, a apreciação cambial, a falta de competitividade industrial e minimizar impactos negativos sobre o PIB. Há um amplo leque de pesquisas para tratar desse assunto.

Além da superestimação do IPCA, outros problemas podem ser identificados na nossa regra de determinação de taxa de juros. Para entendermos que o nosso RMI conduzido pelo Banco Central pode ser melhorado, para que se tenha uma taxa de juros menos elevada e, portanto, para que possamos reduzir a apreciação cambial, deixando nossa indústria mais competitiva, é necessário também considerar como o RMI é aplicado nos países mais desenvolvidos. De fato, o RMI brasileiro é rígido se comparado ao adotado por Austrália, Canadá, Nova Zelândia e até mesmo pelos EUA. Isso porque esses países adotam o duplo mandato do Banco Central, ou seja, a meta não é apenas a inflação, mas também o PIB. Com suas diferenças, uns países consideram o núcleo da inflação apenas no curto prazo e ainda estendem o prezo da meta de inflação para suavizar os impactos da taxa de juros – e não a elevam para obter uma meta anual. Isto significa dizer que tais países minimizam impactos sobre possíveis efeitos negativos sobre PIB e dívida pública.

O Brasil começou a adotar o RMI em meados de 1999, após o abandono (em janeiro do mesmo ano) do sistema de câmbio administrado (semifixo) que determinava bandas cambiais em que o dólar poderia flutuar. A mudança do regime de câmbio administrado para o de câmbio flutuante e a adoção do RMI têm alguns antecedentes importantes. Desde o início do Plano Real, havia apreciação cambial no Brasil, o que causou ataques especulativos recorrentes sobre a moeda brasileira e contribuiu para o crescimento dos déficits comerciais e situações de fragilidade externa no período 1995-1998. No início de 1999, não era mais possível manter a estrutura de estabilização implementada do câmbio administrado, visto que a crise cambial em que o Brasil estava inserido era muito profunda.

Pela ausência de dólares para sustentá-la, o Bacen foi obrigado adotar um regime de câmbio flutuante o que resultou em considerável depreciação cambial, elevando as expectativas de inflação para mais de dois dígitos. O abandono do regime cambial administrado gerou uma série de incertezas que apenas foram contornadas com a adoção do chamado tripé macroeconômico: taxa de câmbio flutuante, superávit primário e um RMI[25]. Com essas medidas implementadas, ao longo dos períodos subsequentes, os ataques especulativos à moeda nacional foram estancados e a inflação controlada, conforme podemos ver na figura 1. Todavia, verifica-se a necessidade de se repensar nosso RMI para que se minimize os impactos negativos sobre a produção industrial, impactando negativamente a competitividade, a inovação e, por consequência, a engenharia.

Figura 1. Inflação no Brasil de 1995 a 2019[26]

Considerações Finais

Sabemos que hoje no Brasil há um quadro de desorientação de políticas econômicas tanto na esfera micro (política industrial) quanto na esfera macro (políticas monetária, fiscal e cambial) que visem ao desenvolvimento econômico: crescimento constante e contínuo com maior distribuição de renda. Para esse desenvolvimento econômico acontecer, é necessária a presença de um Estado que tenha um projeto de nação. Todas as grandes nações desen-

25. Sob o comando de Arminio Fraga, o RMI foi adotado definindo que o Bacen defenderia o controle da inflação por meio de uma meta, que o câmbio não mais seria semifixo, ou seja, que passaria a flutuar (oferta e demanda da divisa é o que determina seu preço, e o tesouro se comprometeria a não gastar mais que arrecadar antes do pagamento dos juros da dívida, com objetivo de manter sua capacidade de pagamento dos juros e da dívida com base em uma relação dívida/PIB mais estável).

26. Fonte: IBGE.

volvidas tiveram um projeto nacionalista (e ainda têm) para elevação de sua renda *per capita*, distribuição de renda e aumento do bem-estar dos seus cidadãos. Essas nações aderiram ao liberalismo econômico quando seus produtos industriais eram mais competitivos que os de seus concorrentes, mas praticaram o intervencionismo econômico quando suas economias eram ameaçadas pela concorrência externa, como na crise *sub prime* de 2008.

Nessa ocasião, o presidente George W. Bush, ferrenho defensor do liberalismo econômico, fez o governo dos EUA comprar ações da General Motors. Mais recentemente, no decorrer da pandemia do coronavírus, o Federal Reserve dos Estados Unidos despejou trilhões de dólares no mercado para estimular a demanda. Assim, as nações desenvolvidas praticam o intervencionismo em períodos de crise para salvar suas economias, mas pregam o liberalismo econômico para nações em desenvolvimento em situações em que suas economias estão a pleno emprego. Entretanto, o liberalismo econômico pregado não se refere ao mercado de commodities, onde nações como o Brasil são competitivas, mas sim ao mercado de alta tecnologia, como de telecomunicações, automóveis e softwares. Todos esses setores envolvem o desenvolvimento de novas tecnologias protagonizadas pela engenharia dentro de um Sistema Nacional de Inovação (SNI).

A teoria econômica que prescreve políticas mais liberalizantes funciona em nações desenvolvidas fora de períodos de crise. Isto porque esses são períodos em que essas economias normalmente atingem uma taxa estacionária de crescimento econômico com plena capacidade. O que permite taxas de crescimento econômico sustentáveis, mesmo sob pleno emprego, é o deslocamento dinâmico da fronteira de produção gerado pela endogenização do progresso técnico. Por isso, a necessidade da inovação tecnológica é recorrente. A dinâmica da competição (interna e global) demanda um processo contínuo de inovação que leva ao aumento de produtividade. Essas nações possuem instituições micro e macro ajustadas para esse processo.

Na esfera macroeconômica, mesmo quando não há crise, o processo de estímulo ou desestimulo da política monetária do Federal Reserve é keynesiano (ativo). Por exemplo, se a pesquisa mensal de emprego aponta para o aumento do desemprego, existe a tendência, mantendo-se constante tudo mais, de se baixar a taxa de juros. Se, ao contrário, a pesquisa mensal de emprego mostra uma diminuição do desemprego, o Federal Reserve ou mantém a taxa de juros ou a aumenta. Os países desenvolvidos são realmente mais liberais nos setores em que são mais competitivos (de alta tecnologia) e, mesmo assim, participam de guerras comerciais, como já tratamos aqui. Não obstante, se verificarmos tanto o setor agrícola americano quanto o europeu, eles são mais ineficientes que os nossos e impõem inúmeras barreiras sanitárias e não sanitárias à entrada de nossos produtos. Uma lição importante temos que tomar disto: o Estado brasileiro tem que defender os interesses dos brasileiros e não os dos estrangeiros. A afirmação parece ser tão óbvia, mas não é o que tem acontecido no Brasil hoje em dia.

Dada a importância do Estado que procuramos expor neste capítulo, é necessário que se dê estímulos à inovação principalmente no setor industrial para que nossos bens ganhem competitividade global em indústrias de mais alta tecnologia. Um exemplo de política de sucesso neste sentido é o da Embrapii, cujo esforço deveria ser reforçado e ampliado. É preciso desenvolver nosso sistema nacional de inovação de maneira tal que nossos produtos se tornem mais competitivos na esfera global e que o Estado seja o indutor do processo de endogenização do progresso técnico. Neste contexto, inovação tecnológica e engenharia andam juntas.

Entretanto, não basta apenas o estímulo à inovação e um processo endógeno de geração de tecnologia que gerem novos produtos e serviços. Também é necessário ter preço para que esses produtos de mais alta tecnologia tenham condições de competir internacionalmente. Por isso, nos apropriamos aqui de algumas ideias do "Novo Desenvolvimentismo" de Bresser-Pereira. Ele destaca que há uma tendência de sobreapreciação da moeda nacional como fruto da doença holandesa e da alta taxa de juros brasileira, que atrai divisas para nosso país. Essa sobre valorização cambial acaba por tornar os bens industrializados nacionais mais caros em relação aos estrangeiros, tornando os investimentos industriais menos atrativos para o empresariado brasileiro, dado que o baixo rendimento desse tipo de bem impossibilita a expansão das exportações. A solução encontrada por Bresser é a taxação das importações de tal maneira que o valor dessa taxa seja da mesma dimensão que a diferença entre a taxa de câmbio de equilíbrio industrial e a taxa de câmbio de equilíbrio corrente.

Com essa taxação, a moeda nacional tende a se desvalorizar ao longo do tempo, levando ambas as taxas de câmbio ao mesmo valor, o que tornará os bens industriais nacionais mais competitivos e estimulará a produção industrial. Ou seja, podemos ter recursos na esfera microeconômica para o estímulo à inovação tecnológica, mas é necessário que haja um preço competitivo para o produto nacional no mercado internacional que estimule o investimento na produção local. Pois se não há preço competitivo para o bem industrial brasileiro, não há demanda, e se reduzem os investimentos industriais, impactando negativamente a engenharia. Dentro de um projeto nacional de estímulo à indústria de tecnologia avançada, é preciso considerar tanto políticas micro quanto macroeconômicas. O processo de coordenação institucional dentro de um projeto nacional deve ser executado pelo governo federal; caso contrário, políticas micro (incentivo a P&D e inovação) estarão fadadas ao fracasso.

No que se refere à taxa de juros, mostramos que sua determinação é feita a cada 45 dias pelo Copom. Verificamos que o IPCA é o índice utilizado no RMI para estabelecer a taxa de juros, que esse índice pode estar superestimando a inflação devido à cesta de bens fixa com que é estimado, e que isso pode levar o Copom a elevar a taxa de juros além do que deveria. Uma solução seria calcular o valor dessa superestimação e tomar decisões com uma medida mais próxima da inflação real, diminuindo impacto negativo sobre as variáveis econômicas em questão.

Aliado a isso, vimos que o Regime de Metas de Inflação (RMI) que é usado no Brasil é pouco flexível quando comparado ao de outras nações. Em outros países, o controle da inflação não é a única meta presente nessa regra. O crescimento econômico é, muitas vezes, um objetivo maior, principalmente depois que se conseguiu maior controle da inflação. Alguns desses países adotam núcleo de preços do Índice de Preços ao Consumidor (IPC) para eliminar possíveis aumentos não permanentes de preços. Outros países alongam o prazo para o alcance da meta de inflação, estabelecendo mais de um ano para seu cumprimento.

Esse alongamento do prazo de cumprimento da meta para além de um ano objetiva suavizar possíveis impactos de elevação da taxa de juros sobre a dívida pública, apreciação das moedas locais e diminuição do PIB. Nesse sentido, a flexibilização de nosso RMI se faz necessária, pois favoreceria uma menor taxa de juros, reduziria a apreciação cambial, minimizaria impactos sobre a dívida pública interna e a demanda por bens e serviços. Tudo isto contribuiria para o aumento da competitividade do bem industrial nacional, favorecendo a indústria, a inovação e o crescimento do PIB em um círculo virtuoso.

Em última instância, é preciso enxergar além do setor de commodities, que rende vultuosos recursos ao país, mas não gera muitos empregos de qualidade, como a indústria; e nem produz bens com preços mais estáveis na pauta de exportação, como são os bens industriais. Na verdade, para haver desenvolvimento, não há como fugir desse processo de coordenação estatal cujo objetivo de endogenização tecnológica seja inerente. Não existe um grande país no mundo que seja desenvolvido sem que tivesse um projeto nacional baseado na industrialização e com apoio da sociedade. Dentro do processo de industrialização, a engenharia tem um protagonismo ímpar, pois é através dela que muitas inovações são desenvolvidas e implantadas na indústria, promovendo o desenvolvimento econômico.

Referências

Banco Central do Brasil, "Histórico das Metas para Inflação". Disponível em: <https://www.bcb.gov.br/controleinflacao/historicometas.

Bingwen, Zheng & Huibo, Zhong. "Estudo Comparativo sobre Sistemas Nacionais de Inovação nas Economias bric". *Revista Tempo do Mundo*, vol. 2, n. 2, pp. 119-147, ago. 2010.

Bresser-Pereira, Luiz Carlos. "Novo Desenvolvimentismo: Um Segundo Momento do Estruturalismo Latino-Americano". *Revista de Economia Contemporânea*, vol. 24, n. 1, pp. 1-20, 2020.

Freeman, Christopher. "Technological Infrastructure and International Competitiveness". Draft Paper Submitted to the oecd *Ad Hoc Group on Science, Technology and Competitiveness*. Paris, oecd, 1982.

Furtado, Celso. *Brasil: A Construção Interrompida*. Rio de Janeiro, Paz e Terra, 1992.

Hanusch, Horst & Pyka, Andreas. "The Principles of Neo-Schumpeterian Economics". *Cambridge Journal of Economics*, vol. 31, n. 2, pp. 275-289, Feb. 2007.

Kornai, János. *Anti-Equilibrium: On Economic Systems Theory and the Tasks of Research*. New York, Augustus M. Kelley, 1991.

Lundvall, Bengt-Åke. *Product Innovation and User-Producer Interaction*. Aalborg, Aalborg University Press, 1985.

Marx, Karl. *O Capital: Crítica à Economia Política*. São Paulo, Boitempo, 2013.

Mazzucatto, Mariana. *O Estado Empreendedor: Desmascarando o Mito do Setor Público vs. Setor Privado*. São Paulo, Schwartz, 2014. (Portfolio-Penguin)

ocde. *Manual de Oslo: Diretrizes para Coleta e Interpretação de Dados sobre Inovação*. 3. ed. em língua portuguesa. Brasília, Finep, 1997.

Schumpeter, Joseph. *A Teoria do Desenvolvimento Econômico: Uma Investigação sobre Lucros, Capital, Crédito, Juro e o Ciclo Econômico*. Barueri, Nova Cultural, 1997.

Varian, Hal Ronald. *Microeconomia: Uma Abordagem Moderna*. 9. ed., São Paulo, Gen Atlas, 2015.

CAPÍTULO 10

Rumo ao Gerencialismo Capitalista e Democrático

Luiz Carlos Bresser-Pereira

Introdução

Nos anos 2020, os Estados Unidos ainda são o país mais poderoso do mundo no plano econômico e militar, mas em profunda crise. Estão perdendo sua hegemonia nessas duas áreas para a China, enquanto no plano social e político a Europa Ocidental mostra ter uma sociedade mais coesa e uma democracia que, apesar de todas as suas limitações, representa melhor os interesses da população. É um país que esteve preso ao mesmo tempo a um neoliberalismo ineficiente e a um individualismo extremado não igualitário, que valoriza as pessoas pelo dinheiro e despreza os mais pobres – um neoliberalismo que, como estamos vendo pelo governo Biden, está sendo abandonado porque, desde 1980, é a causa principal das taxas de crescimento baixas, do enorme aumento da desigualdade e da estagnação do padrão de vida da metade mais pobre da população.

É uma sociedade que perdeu coesão, que deixou de partilhar crenças e objetivos. Tem um sistema político em que a democracia se deteriorou e já não é mais exemplo para ninguém – uma plutocracia que elege políticos sem real apoio popular e que, pelos seus maus resultados, criou a oportunidade para o fortalecimento do populismo de direita.

O que aconteceu neste tempo e levou os Estados Unidos a tal decadência? O fato histórico novo que levou o grande país e, com ele, boa parte do capitalismo rico à crise de 2008 foi a Virada Neoliberal que ocorreu no Reino Unido e nos Estados Unidos em torno de 1980, com a eleição de Margareth Thatcher e Ronald Reagan. Foi uma escolha errada do ponto de vista econômico. Os Estados Unidos, que sempre foram um país desenvolvimentista (embora seus políticos fizessem um discurso liberal), que mantiveram tarifas aduaneiras altas até 1939 (a principal política industrial do desenvolvimentismo), de repente mudaram radicalmente de rumo e passaram a adotar um liberalismo econômico incompatível com seu próprio desenvolvimento econômico. Foi uma escolha errada no plano social, porque implicou em aumento da desigualdade, e no plano político, porque significou a troca do republicanismo por um liberalismo político individualista.

Enquanto o liberalismo político vê a liberdade apenas como o direito do indivíduo de fazer aquilo que bem entender desde que não seja contra a lei, o republicanismo a vê como o objetivo a ser alcançado pela sociedade, e como uma obrigação dos seus líderes políticos, de defender o interesse público mesmo que ele contrarie seus próprios interesses. Essa era a visão da coisa pública que orientou os Founding Fathers no tempo da sua independência. Eles combinavam de maneira dialética duas ideologias opostas, o republicanismo e o e liberalismo. J.G.A. Pocock demonstrou esse fato em seu livro publicado em 1975: *The Machiavellian Moment*[1]. Esse republicanismo era ainda forte nos Estados Unidos de 1960 e moderava o liberalismo dos Estados Unidos da mesma forma que o ideal socialista moderou o liberalismo europeu.

Dou apenas dois exemplos desse republicanismo, relacionados ao presidente John Kennedy: sua célebre frase "Ask not what your country can do for you – ask what you can do for your country" e o livro que publicou cinco anos antes de ser eleito presidente, quando era senador, *Profiles on Courage*[2], no qual ele escolheu oito senadores para contar sua história, adotando como único critério de escolha ter cada um deles, em determinado momento de sua vida política, tido a grandeza de apoiar uma política que entendia atender aos interesses da nação americana, embora as forças políticas que o tivessem elegido fossem contrárias a ela. Com a virada neoliberal, o republicanismo foi esquecido, e a sociedade americana ficou à mercê de um liberalismo econômico ineficiente e de um individualismo político reacionário.

1. J.G.A. Pocock, *The Machiavellian Moment*, Princeton, Princeton University Press, 1975.
2. J.F. Kennedy, *Profiles in Courage*, New York, Harper & Row, 1956.

Fases do Capitalismo

Para entender o capitalismo, eu o divido em cinco fases ou formações sociais e tomo como referência a Grã-Bretanha e a França, que passaram por todas elas. A primeira fase, o capitalismo dos mercadores ou mercantilismo, vai de todo o século XVI até meados do XVIII e marca a transição do feudalismo para o capitalismo; foi nessa fase que ocorreu a Revolução Capitalista – a formação do estado-nação e a revolução industrial naqueles dois países. A segunda fase, o capitalismo dos empresários ou liberal e industrial, ocorreu desde o início do século XIX, quando a revolução industrial terminou na Inglaterra e na França, até a crise de 1929, que desmoralizou o liberalismo econômico; foi o capitalismo que Adam Smith e Marx analisaram: o primeiro, saudando seu aparecimento e acentuando o papel do mercado na sua coordenação; o segundo, definindo-o como um modo de produção baseado na acumulação de capital com incorporação de progresso técnico e fazendo sua crítica[3].

No final do século XIX, os Estados Unidos passam pela Revolução Organizacional – o momento da história no qual as unidades básicas de produção deixam de ser as empresas familiares e passam a ser as grandes corporações privadas[4]. Começa, então a terceira fase do capitalismo – o capitalismo dos gestores ou capitalismo social-desenvolvimentista. Os gestores privados emergem nas grandes empresas privadas e, somados a uma também crescente burocracia pública, formam uma nova classe dos gestores ou classe técnico-burocrática. Eles passam, então, a substituir os empresários na administração das empresas.

Essa é a fase em que os Estados Unidos são o poder hegemônico, e o capitalismo deixa de ser liberal para ser desenvolvimentista ou keynesiano – passa a implicar uma intervenção moderada do Estado na economia[5]. E passa também a ser social-democrático, porque nessa fase temos a construção do Estado do bem-estar social, principalmente na Europa. Foi, finalmente, a fase na qual o capitalismo viveu seu grande momento – os Anos Dourados do Capitalismo, um período de forte crescimento, estabilidade financeira e diminuição das desigualdades.

3. J. K. Galbraith, *O Novo Estado Industrial*, Rio de Janeiro, Civilização Brasileira, 1968.
4. *Idem.*
5. *Idem.*

Não obstante os bons resultados da terceira fase e o fato de que os gestores não haviam exaurido suas potencialidades, a crise econômica dos anos 1970, que foi acentuada nos Estados Unidos e na Grã-Bretanha, abriu uma oportunidade de poder para os liberais. Eles julgavam liberalismo e capitalismo como irmãos gêmeos e não se conformavam com a perda de poder que o *crash* de 1929 e a Grande Depressão dos anos 1930 haviam ocasionado, e aproveitaram para restabelecer a escola neoclássica monetarista como *mainstream* nas universidades e a ortodoxia liberal como conjunto de políticas econômicas adotada pelos governos. Começa, então, a quarta fase do capitalismo – o capitalismo dos rentistas e financistas ou capitalismo neoliberal. Mas, diante de sua incapacidade de promover o padrão de vida da baixa classe média branca, deu origem ao ressentimento dessa faixa da população, o que resultou no populismo de direita de Donald Trump, Boris Johnson e Jair Bolsonaro.

Nos anos 1970, a crise econômica moderada que, nos Estados Unidos, envolveu a queda da taxa de lucro e a estagflação (inflação combinada com recessão), possibilitou a Virada Neoliberal. Temos, então, a quarta fase – o capitalismo dos rentistas e financistas ou Capitalismo Neoliberal. Duas fases antes os gerentes já haviam substituído os empresários na gestão das corporações empresariais. Agora os rentistas substituíam os empresários na propriedade dessas grandes empresas. O capitalismo retornou ao liberalismo econômico, enquanto sobem ao poder os "financistas" que, falando em nome dos rentistas, montam uma guerra não apenas contra a burocracia pública, mas também contra a classe gerencial privada. Os altos executivos privados não podiam ser expulsos da coalizão de classes porque dirigiam as grandes empresas, mas se tornaram os adversários prediletos dos *stockholders*. Quanto aos financistas, eles são também gerentes ou profissionais com mestrados em administração de empresas (MBAs), senão PhDs em economia, que assumiram a gestão da riqueza dos rentistas e passaram a desempenhar o papel de intelectuais orgânicos do capitalismo neoliberal financeiro-rentista.

Para legitimar o liberalismo econômico, esses financistas recorreram à teoria econômica neoclássica – uma teoria econômica que, a partir da virada neoliberal, passou a ser dominante nas universidades e dar fundamento "científico" à ideologia neoliberal. Essa fase, ao excluir o Estado e tentar tornar o Mercado a única instituição de coordenação econômica do capitalismo, se caracterizou por baixo crescimento, alta instabilidade financeira e brutal aumento da desigualdade. Por isso, de modo não surpreendente, ela terminou cedo, com a grande crise financeira de 2008. Desde então, o liberalismo econômico está mais uma vez desmoralizado; as economias ricas crescem de maneira muito lenta, os bancos centrais emitem moeda para reduzir a taxa de juros que se tornou negativa, caracterizando-se uma "estagnação secular".

Dois fatos que ocorreram em 2016 – a eleição de Donald Trump nos Estados Unidos e o referendo do Brexit na Grã-Bretanha – levaram ao surgimento do populismo de direita, uma reação irracional ao fracasso do neoliberalismo, em especial sua incapacidade de aumentar a renda dos trabalhadores cujos salários estagnaram por diversas causas, inclusive a competição com a China. Como as três fases anteriores levaram o capitalismo a avançar no plano do desenvolvimento econômico, social e político, o capitalismo neoliberal dos rentistas e financistas foi um período de desvio reacionário e grave retrocesso.

Entretanto, diante dos maus resultados econômicos e péssimo resultado distributivo (um grande aumento da desigualdade), em 2020 (que foi o primeiro ano da pandemia do Covid-19) o capitalismo neoliberal cedeu lugar a um novo capitalismo gerencial. Nesse mesmo ano, os bancos centrais, mais pragmáticos do que os economistas, vendo o tamanho da crise e a importância do Estado em limitar, passaram a financiar a despesa pública relativa à pandemia com emissão de moeda, ou seja, a compra de título públicos. No quadro do *quantitative easing*, essa emissão se destinara apenas a aumentar a liquidez do sistema econômico. Estava começando a quinta fase, também gerencial-capitalista. Neste ensaio, concentrarei minha atenção nas duas últimas fases.

Uma Construção Social

No livro que estou escrevendo, *Rentiers' Capitalism, Managerialism, and Democracy*, critico os analistas de esquerda que não distinguem o neoliberalismo do capitalismo, rejeitam qualquer ideia de progresso no capitalismo e preveem seu colapso iminente. Penso em Dardot e Laval[6] quando faço essa afirmação. Um erro semelhante é dizer que o neoliberalismo é "a verdadeira face" do capitalismo e que os Anos Dourados teriam sido uma exceção. Esse é, por exemplo, o argumento adotado por Wolfgang Streeck quando afirma

6. P. Dardot e C. Laval, *La Nouvelle Raison du Monde: Essai sur la Societé Néolibérale*, Paris, La Découverte/Poche, 2009.

que "não são *Les Trente Glorieuses*, mas a série de crises que se seguiram que representam o capitalismo democrático normal"[7].

Essa visão faria sentido se entendêssemos o capitalismo como um fenômeno "natural", e não como resultado de uma construção social; se acreditássemos que os humanos nada mais foram do que joguetes em um processo histórico em que a vontade e a ação humanas estão ausentes. Essa é uma naturalização equivocada da história. Ignora que capitalismo é uma forma de sociedade regulada por duas grandes instituições – o Estado e o Mercado – que, como todas as instituições, foram construídas pelos humanos.

Pode-se dizer que essa construção é em parte "inconsciente". De fato, Marx e Engels, com o materialismo histórico e o conceito de ideologia, deram uma contribuição definitiva para a compreensão das sociedades e seu desenvolvimento – para que entendamos a correlação entre as três instâncias da sociedade – a econômica, a institucional ou regulatória, e a cultural ou ideológica. Mas Marx sabia que, em sua época, os homens e as mulheres dos países mais avançados tinham objetivos políticos de liberdade e segurança que eles transformavam em instituições – especialmente na maior e mais importante delas, o Estado e sua lei constitucional.

O Estado moderno é o sistema constitucional-legal e a organização dotada de poder coercitivo que o garante. Ele é o principal instrumento de ação coletiva de uma nação. Desde as três revoluções fundadoras do Estado moderno – a Revolução Gloriosa, a Revolução Americana e a Revolução Francesa –, o Estado moderno é a instituição que surge com o capitalismo para definir e fazer cumprir os objetivos políticos finais (segurança, liberdade individual, melhoria dos padrões de vida, justiça social e proteção do meio ambiente), bem como os objetivos instrumentais (um Estado-nação autônomo e democrático) que as sociedades modernas definiram para si próprias desde o século XVIII.

O capitalismo foi o primeiro modo de produção a experimentar o desenvolvimento econômico e o "progresso humano", que defino como o processo histórico por meio do qual cada nação avança na realização desses objetivos. Assim, o capitalismo, hoje, não é uma forma natural de sociedade, mas uma organização social voltada formalmente para a realização desses objetivos políticos; é o primeiro modo de produção no qual houve desenvolvimento eco-

7. W. Streek, "The Crisis of Democratic Capitalism", *New Left Review*, vol. 71, pp. 5-30, 2011.

nômico e algum progresso humano. Um progresso limitado e insatisfatório, mas que não pode ser ignorado.

Os Estados-nação hoje existentes são, portanto, o resultado da ação coletiva da sua forma de sociedade específica – a nação – para formar uma sociedade política autônoma. Nesse processo, os indivíduos e as organizações representativas de interesses defendem seus próprios interesses como se fossem os interesses de todos e, em consequência, as nações, muitas vezes, experimentam regressões históricas. Afinal, porém, do vetor dialético não só dos interesses de classe e dos acordos políticos, mas também dos princípios republicanos (da república) e solidários (do socialismo) que igualmente orientam a ação humana, resulta eventualmente o progresso humano.

O capitalismo enfrenta desde 2008 uma grande crise – e o neoliberalismo financeiro-rentista, que foi dominante entre 1980 e 2020, mas está em crise terminal desde crise financeira global de 2008. O que se pode esperar em seguida? Proponho que esteja surgindo uma nova formação social ou uma nova fase do capitalismo – uma fase gerencial capitalista como aquela que foi dominante desde o *New Deal*, em 1933, até a crise dos Anos Dourados do Capitalismo em 1980. Todavia, nessa coalizão gerencial-capitalista, a liderança cabe agora à classe gerencial enquanto o sócio menor é agora a classe capitalista.

Eu continuo crítico dos que afirmam que o capitalismo está morrendo e que não sabem o que virá em seu lugar, prevendo apenas uma crise permanente[8]. Na verdade, o que já morreu é o neoliberalismo. O capitalismo está morrendo porque esgotou sua capacidade de promover o desenvolvimento econômico, mas se trata de uma morte lenta. Na realidade à minha volta, na qual o desenvolvimento tecnológico não para de se acelerar, vejo pistas indicando a emergência de uma formação social "gerencial-capitalista democrática". Essa será ainda uma fase do capitalismo – talvez a última fase, porque a figura do empresário capitalista está sendo superada pela ação coletiva dos gerentes nas grandes corporações privadas gerencial-capitalistas.

Foram os gerentes que assumiram grande parte das funções de acumulação de capital e inovação que são centrais para o desenvolvimento econômico. Na nova coalizão de classes, a classe principal será agora a classe gerencial, ficando para os capitalistas o papel de segundo jogador. Isto em um capita-

8. W. Streek, "The Crisis of Democratic Capitalism"; *Buying Time: The Delayed Crisis of Democratic Capitalism*, London, Verso, 2013; *How Will Capitalism End?* London, Verso, 2016.

lismo no qual o desenvolvimento tecnológico é cada vez mais acelerado – e assim aumenta o poder dos gerentes-engenheiros. Estes agora comandam a acumulação de capital e a inovação, enquanto os gerentes-economistas controlam as decisões de política econômica, enquanto os mais sofisticados agem como intelectuais orgânicos.

Eu argumento que esse segundo capitalismo gerencial que está surgindo será democrático, porque a democracia foi uma conquista histórica da classe trabalhadora e da classe média nos países capitalistas mais avançados na virada do século XIX para o XX, porque desde então se tornou um regime político consolidado, e porque demonstrou de forma dramática esse seu caráter consolidado ao ser ameaçada pelo neoliberalismo, que é intrinsecamente autoritário, e mais recentemente pelo populismo de direita[9].

A democracia mostrou ao mundo que não apenas não está morrendo, mas prospera e será cada mais definidora da formação social que existe. Ela enfrentará contradições que são inerentes ao desenvolvimento capitalista. Por exemplo, esse gerencialismo democrático dificilmente será tão progressista na sua primeira manifestação histórica – os Anos Dourados do Capitalismo – porque os países ricos não resolveram o problema da competição com os países em desenvolvimento. Uma competição que leva os governos desses países a pressionar para baixo os salários em nome da competitividade internacional. Mas o gerencialismo democrático não será liberal no plano econômico, mas desenvolvimentista; por isso, deverá levar os países mais avançados a proteger um pouco mais sua indústria de bens manufaturados.

Democracia Republicana e Social-Desenvolvimentista

Quando Marx analisou o capitalismo, a nova classe capitalista compartilhava poder e privilégio com a aristocracia decadente. Para ele, essa seria a primeira e a última fase do desenvolvimento capitalista, porque logo a queda da taxa de lucro determinaria o colapso econômico, enquanto uma revolução socialista marcaria o fim do capitalismo. Em vez disso, o que aconteceu na virada do

9. L. C. Bresser-Pereira, "A Democracia Não Está Morrendo: Foi o Neoliberalismo que Fracassou", *Lua Nova – Revista de Cultura e Política*, vol. 111, pp. 51-79, set.-dez. 2020.

século XIX foram a Revolução Organizacional e a Revolução Democrática, que definiram o capitalismo do século XX.

A Revolução Organizacional deu origem à nova classe gerencial, representada pelo surgimento das grandes corporações empresariais nos EUA, e foi a mudança da unidade básica de produção da empresa familiar para as organizações; a Revolução Democrática assinalou o surgimento das democracias modernas quando os países ricos ocidentais se transitaram finalmente para a democracia. Tomando-se a Grã-Bretanha e a França como referência, o regime político desses países, que desde o início do século XIX garantia os direitos civis e o Estado de direito, aceitaram o sufrágio universal e se tornaram minimamente democráticos.

A Revolução Democrática não foi uma mera "revolução burguesa", mas um momento histórico a partir do qual o povo de um país obtém algum poder político para defender os seus interesses. Marx também não previu que, uma vez que a revolução industrial e capitalista fosse realizada em cada país, ela desencadearia nesse país um desenvolvimento econômico sustentado, aumentaria os padrões de vida e a mudaria do fator estratégico de produção do capital para o conhecimento técnico e organizacional.

A lógica do surgimento de uma nova formação social está hoje ligada, por um lado, à demanda das sociedades modernas por progresso humano e, por outro, ao fato de que o avanço da democracia vem tornando o povo mais ouvido. O capitalismo tornou-se a forma dominante de organização de todas as sociedades modernas quando se revelou mais capaz de gerar riqueza e aumentar os padrões de vida do que o feudalismo e o escravismo, e, mais tarde, capaz de se adaptar ao surgimento da democracia. Mas foi sempre um modo de produção marcado pela desigualdade.

Agora, após a virada neoliberal de 1980 e a crise de 2008, quando a desigualdade econômica está atingindo novos máximos, o capitalismo não está se revelando capaz de gerar uma taxa de crescimento satisfatória, muito menos de reverter o processo neoliberal de concentração da renda, e mostra pouca capacidade de controlar as mudanças climáticas. Está, assim, se tornando evidente que o capitalismo esgotou sua capacidade de promover o progresso humano. Por outro lado, as elites capitalistas perderam o controle da acumulação de capital. A indignação não só da classe trabalhadora, mas também da classe média, com os maus resultados econômicos, aumenta a cada dia os conflitos e a polarização política. Não está clara para os atores políticos qual será a saída, mas começam a surgir pistas de como será a nova formação social que nascerá dessa crise generalizada.

O capitalismo é um modo de produção dinâmico no qual uma coalizão de classes dominada pela classe capitalista comanda o processo de desenvolvimento econômico. Hoje, porém, os empresários capitalistas que ainda existem perderam força econômica e política. O gerencialismo democrático não será pós-capitalista, mas está perto disto. Será uma formação social democrática porque atende às condições mínimas de uma democracia – o Estado de direito, a garantia dos direitos civis, e o sufrágio universal, e porque o político profissional eleito democraticamente deverá ver sua legitimidade e poder político ampliados. Depois da Revolução Democrática, a democracia se estendeu também para os países de renda média, principalmente a partir dos anos 1970, e se transformou em um valor universal: não apenas em uma forma de governo, mas também em uma ideologia progressista que a esquerda, depois de reconhecer a impossibilidade da revolução socialista no curto prazo, passou a valorizar.

Hoje, a democracia é o único regime político dotado de legitimidade social. É instrumental para a realização dos objetivos políticos que as sociedades modernas definiram para si mesmas. Desde a Revolução Democrática, a qualidade da democracia tendeu a melhorar na maioria dos países. No início do século XX, a primeira forma de democracia foi a democracia de elite ou democracia liberal; após a Segunda Guerra Mundial, principalmente na Europa, a democracia tornou-se republicana, social e desenvolvimentista – republicana porque um número razoável de cidadãos e de políticos passou a agir de maneira cívica ao invés de liberal, dando prioridade ao interesse público em detrimento de seus interesses particulares, como supõe o individualismo liberal; social porque, além dos direitos civis e dos direitos políticos, os direitos sociais passaram a ser considerados e surgiu o Estado do bem-estar social; desenvolvimentista ao invés de liberal, porque viu na intervenção moderada do Estado na economia um instrumento para o desenvolvimento econômico e o progresso humano, em vez de ver o Estado como mero garantidor da propriedade e dos contratos.

Embora a transição para uma democracia participativa caminhe lentamente nos países democráticos mais avançados, como a Dinamarca e a Suíça, minha previsão é que a democracia continuará a progredir porque a pressão da classe trabalhadora e das classes médias por mais participação política continuará presente. Houve uma regressão da democracia com o neoliberalismo individualista que se opõe ao civismo e à solidariedade social, mas esse neoliberalismo foi finalmente derrotado. Nos últimos anos, o capitalismo neoliberal, de um lado, e o aumento da imigração, de outro, deram origem a um populismo de direita expresso que, em 2016, significantemente, se manifestou nos dois países que iniciaram a regressão neoliberal – os EUA com a eleição de Donald Trump e a Grã-Bretanha com o referendo do Brexit. A reação da sociedade e das instituições democráticas a essa ameaça mostrou que a democracia vem sendo firme e decidida, confirmando que é uma conquista da humanidade.

O Segundo Gerencialismo Democrático

Quais são os novos fatos históricos por trás do surgimento do segundo gerencialismo democrático? No quadro do fracasso do capitalismo neoliberal em promover o desenvolvimento, o primeiro foi a incapacidade da classe rentista de estimular o processo de acumulação de capital e, de modo mais geral, sua incapacidade de governar. Nas três fases anteriores do desenvolvimento capitalista (as fases mercantilista, industrial e gerencial), foi confirmada a previsão de Marx de que os detentores do capital manteriam o controle da sociedade assim que o país se tornasse totalmente capitalista. Nas três fases, os capitalistas (os comerciantes, os empresários e os administradores) não eram apenas aproveitadores privilegiados, mas desempenharam um papel de liderança no processo de produção. Eles não eram simplesmente pessoas ricas tornando-se cada vez mais ricas. Eram também uma espécie de delegados da sociedade encarregados de conduzir o processo de acumulação de capital e inovação, do qual depende o crescimento econômico.

Foi seu papel fundamental no desenvolvimento capitalista que serviu de justificativa para seu poder e riqueza. Não é o caso dos rentistas, que ou são recipientes ociosos de rendas herdadas ou são especuladores financeiros. Não há justificação para o seu poder e rendimentos, mas, como são os detentores do capital, continuam a ser a classe dominante. Essa, no entanto, não é uma condição sustentável, e é uma das explicações de por que o capitalismo dos rentistas-financistas neoliberais teve vida curta – prosperou apenas por 28 anos. É um argumento essencial por trás de minha afirmação de que, na nova forma de formação social que está crescendo, os detentores do capital não serão a classe dominante.

Enquanto o capitalismo era o capitalismo dos empresários, os capitalistas eram centrais para o processo de desenvolvimento, mas perdeu parte de sua funcionalidade quando, no capitalismo dos gerentes, estes substituíram os empreendedores na gestão das empresas privadas; e perdeu todo o apoio quando os capitalistas rentistas ociosos substituíram os empresários na propriedade das grandes empresas. Os rentistas e os financistas não estão comprometidos com o desenvolvimento econômico da sua nação de origem. Eles são uma classe capitalista interessada em dividendos de curto prazo, juros e aluguéis de imóveis, não na expansão de longo prazo das grandes empresas, que podem ser auferidos em empresas de inúmeros países. A exceção é o terceiro membro da coalizão de classe neoliberal – os altos executivos que administram as corporações privadas para os quais o crescimento de suas empresas é prioritário. Mas no capitalismo neoliberal, suas ações são permanentemente travadas pelos interesses de curto prazo de rentistas e financistas.

A incapacidade da coalizão financeiro-rentista de governar é crucial porque governar as sociedades modernas é uma tarefa extremamente difícil. Se o liberalismo econômico produzisse crescimento, governar os Estados-nação seria uma tarefa relativamente simples. Bastaria que os governos garantissem a ordem social e mantivessem a conta fiscal equilibrada; o mercado cuidaria do resto. Mas a experiência das nações mostrou que a “mão invisível” não existe. A metáfora de Adam Smith só faz sentido quando não estamos nos referindo a todo o sistema econômico, mas apenas aos setores competitivos da economia. Os mercados não conseguem coordenar os setores não competitivos, os cinco preços macroeconômicos, a conta corrente externa, a distribuição de renda, bem como a educação básica e a saúde. Tais setores devem ser coordenados pelo Estado, apesar das deficiências envolvidas.

A afirmação neoliberal de que as falhas do Estado são piores do que as do mercado não se aplica, não porque esses setores envolvam falhas de mercado, mas porque o mercado está relativamente ausente, e faz mais sentido submetê-los à gestão pública. Os neoliberais rejeitam esse argumento porque esperam do mercado muito mais do que ele pode fazer e procuram criar mercados em setores onde esse objetivo é inviável e o “mercado” assim criado passa a legitimar monopólios. Eles esperam que o mercado coordene setores nos quais não há concorrência ou a concorrência existente é essencialmente enviesada, como é o caso dos cinco preços macroeconômicos. Governar os Estados-nação, contribuir para o progresso humano e a paz mundial são as ações mais nobres que os humanos são chamados a praticar. Governar é uma tarefa muito difícil que requer políticos experientes e competentes, idealmente dotados de virtudes republicanas; políticos que continuamente reafirmam os principais valores e crenças da nação e são capazes de reinterpretá-los sempre que novos fatos históricos o exigirem. Eles podem ser progressistas ou conservadores, liberais no plano econômico ou desenvolvimentistas, mas devem ser republicanos e competentes politicamente.

O segundo fato histórico foi não ter a classe gerencial exaurido todas as suas potencialidades quando a Virada Neoliberal deteve e fez retroceder sua ascensão política. A tomada do poder por uma estreita coalizão de classes financeiro-rentistas interrompeu a emergência secular da classe gerencial, mas essa interrupção não foi e nem podia ser definitiva. Enquanto, na fase neoliberal, os empresários capitalistas perderam importância política, dois grupos gerenciais permaneceram associados aos rentistas – os financistas e os altos executivos das grandes empresas. Agora, no gerencialismo democrático que está surgindo, a classe profissional está caminhando para liderar todo o sistema. Não apenas a classe gerencial privada, mas também a pública e, dentro dela, os políticos profissionais. Estes, cujas notas de aprovação política nas pesquisas são sempre baixas, vão se tornando cada vez mais poderosos e relativamente autônomos em relações às classes sociais porque reúnem conhecimento com habilidade política e contam com votos – a moeda fundamental da democracia.

Finalmente, o terceiro novo fato histórico que explica o gerencialismo democrático é o fortalecimento da democracia, que, sob ameaça do neoliberalismo e mais recentemente do populismo de direita, mostrou seu vigor. Ela sobreviveu e prosperou nos últimos quarenta anos ao ser atacada pelo neoliberalismo, que é intrinsecamente meritocrático e autoritário e, mais recentemente, pelo populismo autoritário de direita. Enquanto o liberalismo é uma ideologia capitalista que nasceu com o surgimento dos Estados-nação e dos mercados nacionais, a democracia é uma ideologia e uma forma de governo apoiada na classe trabalhadora e na classe média, que a burguesia e o liberalismo rejeitaram por muito tempo com o argumento de que democracia seria a "tirania da maioria". A burguesia e o liberalismo eram a favor do Estado de direito e dos direitos civis, que são duas condições para a democracia, mas uma democracia minimamente definida só é alcançada quando a esses direitos se acrescenta o direito político básico – o sufrágio universal – que foi uma conquista popular.

Na França e na Grã-Bretanha, na segunda metade do século XIX, a burguesia aceitou os sindicatos e os partidos socialistas, ambos sempre a favor do sufrágio universal. Foi necessário quase todo o século XIX para que a classe capitalista se sentisse relativamente segura de que a vitória dos partidos socialistas nas eleições gerais não levaria à sua expropriação e à instauração do socialismo. Aceitou a democracia, mas montou um amplo sistema de "salvaguardas" – leis que estabeleceram limites constitucionais rigorosos para a democracia: uma clara divisão de poderes e a exigência de maiorias qualificadas para alterar a Constituição.

Além disso, colocaram limites práticos para o poder do povo: a possibilidade de financiar os políticos nas eleições, ou simplesmente suborná-los, o controle da mídia e a subordinação dos sindicatos a leis rígidas. Mais adiante, mesmo as classes dominantes no capitalismo moderno – a classe capitalista e a classe gerencial – passaram também a ver a democracia como seu regime preferido, primeiro porque essas duas classes sociais são numerosas e diversificadas; seus membros precisam de regras para regular suas ambições de alcançar poder político. Segundo, porque os governos autoritários, embora geralmente associados ou senão subordinados à classe capitalista, podem se tornar arbitrários ao ponto de ignorarem não apenas os direitos civis da população em geral, mas também os direitos das elites.

Sociedade de Mercado sem Classe Dominante Capitalista

O gerencialismo democrático supõe uma sociedade de mercado na qual a classe capitalista é o sócio menor da coalizão de classes. Os mercados nacionais e, em seguida, o mercado mundial surgiram com a emergência histórica da burguesia, mas, ao contrário do que afirmam os liberais, podem ser vivos e atuantes sem uma classe dominante capitalista. No gerencialismo democrático continua a haver a propriedade privada dos meios de produção; os lucros e os salários são as duas receitas principais; o Estado e o mercado coordenam o sistema econômico. Ainda chamo de capitalista este tipo de formação social, porque o capital continua presente, mas sob esta nova realidade o conhecimento técnico e organizacional é mais importante e a classe gerencial passa a comandar o processo de acumulação de capital e inovação.

Alguns dirão que é impossível pensar em uma sociedade onde o capital e o mercado estão presentes, mas a classe capitalista deixou de ser a principal classe dominante. Existe, porém, um precedente histórico para este tipo de situação. A aristocracia foi perdendo gradativamente seu papel militar durante o longo período em que a burguesia emergiu, mas no mercantilismo ela ainda era a classe dominante, embora houvesse incerteza quanto à natureza da formação social, visto que o capital já estava presente no mercantilismo. Agora, no início da terceira década do século XXI, após cerca de cem anos de ascensão da classe gerencial, nos quais a burguesia perdeu gradativamente o controle do processo de acumulação de capital, podemos ter dúvida se a organização social é ainda capitalista ou já se tornou gerencial.

Eu fiquei por um breve tempo com essa dúvida, mas ainda que a emergência secular da classe gerencial tenha sido retomada depois da breve interrupção neoliberal, a burguesia continua a deter o capital e a se apropriar da maior parte do excedente econômico que as sociedades modernas produzem. Devido aos grandes lucros e investimentos iniciais baixos das novas grandes corporações de tecnologia digital como a Microsoft e a Google, alguns economistas vêm falando em um "capitalismo sem capital".

Haskel e Westlake[10], na introdução de seu livro com esse título, citam o caso da Microsoft, cujo valor de mercado na bolsa (em valores relativos a 2006) estava em torno de US$ 600 bilhões, enquanto seu patrimônio no balanço era de apenas de US$ 250 bilhões, e atribuem tal diferença aos ativos intangíveis: software, relações com clientes e fornecedores, e conhecimento técnico interno. Pensei que em seguida os autores apresentariam mais dados sobre essa discrepância; eles apresentam muitos dados, mas nada sobre isto. Fui, então, verificar o valor de mercado das empresas e os seus retornos sobre os investimentos. Como estes usam como capital os ativos fixos contábeis, deveria haver pouca relação entre as duas variáveis, mas não é o que se encontra no mercado financeiro. Na verdade, essas grandes empresas digitais possuem hoje um capital gigantesco, principalmente investido nos computadores usados nas nuvens de estocagem de dados.

10. J. Haskel e S. Westlake, *Capitalism Without Capital: The Rise of the Intangible Economy*, Oxford, Princeton University Press, 2018.

Ao mesmo tempo, estamos vendo a democracia tornar-se mais forte, pois resistiu ao ataque dos neoliberais autoritários e agora está repelindo o ataque do populismo de direita. Nesse quadro, o povo, setores mais cultos da classe média e os políticos estão ganhando influência política e podem aproveitar tal oportunidade para fazer a democracia avançar. Isto pode acontecer tornando-a mais representativa das demandas populares, e tornando o parlamento menos dependente dos interesses dos rentistas e financistas, e elegendo políticos mais comprometidos com o interesse público. Se pensarmos que esse avanço será gradual, ele não é utópico. Existem na crise atual as sementes do que estou prevendo.

Conclusão

O gerencialismo democrático manterá muitas características do capitalismo: lucros e acumulação de capital, trabalho assalariado, coordenação de mercado de setores competitivos. A diferença fundamental é que a coordenação econômica deixará de ser pensada de acordo com a lógica do liberalismo econômico que fracassou, mas com a lógica do desenvolvimentismo, que defende uma intervenção moderada do Estado na economia e o reconhecimento do caráter nacional da política, não obstantes as esperanças legítimas no ideal cosmopolita. Assim, assume-se que a classe dos gestores – tanto os privados quanto os gestores públicos – terá o papel estratégico de comandar o processo de acumulação e inovação do capital e, portanto, a tarefa de governar.

Os políticos profissionais definirão as reformas econômicas e as políticas públicas exigidas como representantes do povo, dotados de maior responsabilidade e autonomia em relação aos ricos. Eles representarão os vários setores da sociedade, e não principalmente a classe capitalista. Esses políticos trabalharão em uma série de reformas institucionais que tornarão suas candidaturas mais independentes do financiamento pelos capitalistas e gestores ricos.

Paul Mason diz que as sementes do pós-capitalismo estão começando a dar frutos: "O capitalismo não será abolido por técnicas de marcha forçada. Será abolido com a criação de algo mais dinâmico, quase invisível no antigo sistema, mas que irrompe, remodelando a economia em torno de novos valores, comportamentos e normas"[11]. Podemos ver, nas sociedades modernas, indícios que apontam na direção do novo. Mason acredita que eles apontam para "uma produção mais colaborativa; estão surgindo bens, serviços e organizações que não respondem mais aos ditames do mercado e da hierarquia gerencial"[12].

Sim, o novo está surgindo das pistas deixadas pelo presente e pelo passado recente. Mas é preciso não ser tão otimista e acreditar que a revolução da informação esteja produzindo um "novo homem". O comportamento humano continuará sendo simplesmente o vetor dialético dos instintos de sobrevivência e de convivência humana. As sociedades não são apenas fruto do interesse próprio ou do instinto de sobrevivência, mas também da necessidade que cada um de nós tem de partilhar com o outro a vida em sociedade.

Após quarenta anos de neoliberalismo e individualismo exacerbado, mudanças no comportamento individual e grupal em direção a um estilo de vida mais cooperativo e mais simples são necessárias. Elas são uma resposta diante da ameaça da mudança climática e do aumento da desigualdade. A revolução da informação criou uma sociedade em rede, mas não uma sociedade melhor – uma sociedade em que o volume de informações aumentou caoticamente e as elites perderam o monopólio da informação organizada que o controle da grande mídia lhes assegurava. Ela abriu espaço para ideias novas e progressistas, mas também para teorias conspiratórias e notícias deliberadamente falsas produzidas pela extrema-direita.

No novo contexto produzido pela revolução da informação, minha aposta é que o novo, que está corporificado na democracia, suplantará o velho que está presente no neoliberalismo e no populismo de direita e suas teorias conspirativas. A mudança está acontecendo não em direção a uma sociedade ideal, mas a uma sociedade ao nosso alcance, onde o poder econômico passa dos capitalistas rentistas para os gerentes, e o poder político, para os políticos profissionais relativamente independentes das duas classes dominantes, a gerencial e a capitalista. À medida que a democratização avança, o povo comum ganha voz, mas sua voz será minoritária.

Meu argumento apontando nesta direção foi o desgaste dos capitalistas, porque eles perderam seu papel estratégico de controlar o processo de acu-

11. P. Mason, *Post Capitalism: A Guide to Our Future*, London, Penguin, 2013.
12. *Idem*.

mulação de capital e inovação, e as limitações inerentes ao gerencialismo relacionadas a seu foco nos processos e na sua dificuldade em pensar em termos de valores. Hoje, o gerente conduz a maior parte da acumulação de capital e das inovações dentro das grandes empresas. Dentro da classe capitalista, apenas os jovens empresários conservam um papel importante – a de comandar startups que, hoje, são a principal fonte de inovação radical – mas esta é a única coisa que garante alguma legitimidade ao capitalismo e o mantém vivo; as outras coisas são apenas restos, a começar por sua riqueza que perdeu qualquer função social.

O fracasso do capitalismo financista-rentista neoliberal foi uma nova evidência de quão errado estava o neoliberalismo ao assumir que os mercados são capazes de coordenar exclusivamente o sistema econômico, e abriu espaço para o retorno a um regime de política desenvolvimentista. Essa mudança já está começando a acontecer. Após a crise financeira de 2008, a ameaça representada pelo populismo de direita e a pandemia de Covid-19, os países mais desenvolvidos estão se movendo em direção ao desenvolvimentismo. Os Estados Unidos do presidente Joe Biden, e menos claramente a União Europeia, estão trazendo o Estado de volta à economia e a definir e implementar políticas que promovem sua reindustrialização.

A expectativa do livro publicado em 1985 por Evans, Rueschemeyer e Skocpol, *Bringing the State Back In*[13], está se tornando realidade, e o Estado está voltando a ser chamado para promover o desenvolvimento econômico, reduzir a desigualdade e atingir as metas de aquecimento global que hoje são uma condição da sobrevivência da humanidade. Na época em que esse livro foi publicado, seus autores não foram ouvidos, mas a história fez com que a realidade e a necessidade prevalecessem sobre uma ideologia reacionária.

Nos últimos quarenta anos, desde que abandonou o estatismo e embarcou no desenvolvimentismo, a China vem mostrando sua superioridade enquanto forma de coordenação do capitalismo. Entretanto, a China continua a ser um Estado-nação autoritário. Ela não foi capaz de fazer sua transição para a democracia. A nova formação social gerencial-capitalista não produzirá milagres, o que vem pela frente não é, de maneira alguma, uma utopia. Faço uma previsão otimista, mas que suponho ser realista. Estou apenas prevendo que

13. P.B. Evans, D. Rueschemeyer e T. Skocpcol, (eds.), *Bringing the State Back In*, Cambridge, Cambridge Press, 1985.

estamos dando um passo em direção a uma formação social ainda capitalista, embora capaz de coordenar a economia em uma sociedade mais democrática.

Referências

Bresser-Pereira, Luiz Carlos. "A Democracia Não Está Morrendo: Foi o Neoliberalismo que Fracassou". *Lua Nova – Revista de Cultura e Política*, vol. 111, pp. 51-79, set.-dez. 2020.

Dardot, Pierre & Laval, Christian. *La Nouvelle Raison du Monde: Essai sur la Societé Néolibérale*. Paris, La Découverte/Poche, 2009.

Evans, Peter B.; Rueschemeyer, Dietrich & Skocpcol, Theda (eds.). *Bringing the State Back In*. Cambridge, Cambridge Press, 1985.

Galbraith, John Kenneth. *O Novo Estado Industrial*. Rio de Janeiro, Civilização Brasileira, 1968.

Haskel, Jonathan & Westlake, Stian. *Capitalism Without Capital: The Rise of the Intangible Economy*. Oxford, Princeton University Press, 2018.

Kennedy, John Fitzgerald. *Profiles in Courage*. New York, Harper & Row, 1956.

Mason, Paul. *Post Capitalism: A Guide to Our Future*. London, Penguin, 2013.

Pocock, John Greville Agard. *The Machiavellian Moment*. Princeton, Princeton University Press, 1975.

Streek, Wolfgang. *Buying Time: The Delayed Crisis of Democratic Capitalism*. London, Verso, 2013.

______, *How Will Capitalism End?* London, Verso, 2016.

______. "The Crisis of Democratic Capitalism". *New Left Review*, vol. 71, pp. 5-30, 2011.

POSFÁCIO

O País da Eterna Primavera

Laurindo de Salles Leal Filho

Num gelado habitat sem recursos, entre dentes-de-sabre e ursos,
Vivia o Povo de Algum Lugar.
Morar ali não era moleza, mas resistiam na firme certeza
De um dia encontrar outro lar.

Que sítio é esse? – Indagavam os sábios, com o nariz nos alfarrábios,
Sem nenhuma resposta encontrar.
Ao pé do fogo poetas cantavam que no outono aves migravam
Para além do alcance do olhar.

Enquanto Cá, num longo inverno, vivenciando o cotidiano inferno,
Punham-se os líderes a imaginar
Que aves migrantes num paraíso de calor, fartura e riso
Poderiam Lá se abrigar.

Miragens de um país fabuloso, onde o viver seria ditoso
Para quem o pudesse encontrar.
Lugar desprovido de fera, o ano todo primavera,
Jardim do Éden para se habitar.

Dizem que a Santa Necessidade chama seus filhos se há vontade
De algum problema vital resolver.
Respondeu então a Engenharia, cúmplice da Inovação na magia
Da arte do Como-Fazer…

Construíram então um dirigível, um tanto tosco, mas muito crível;
Para as aves migrantes seguir.
Agindo assim, pensava, um dia; tão brava gente conseguiria
A tal Canaã descobrir.

Ousado plano executou-se e no encalço das aves voou-se
Até outro hemisfério alcançar…
E enfim chegaram na primavera, extenuados de privação e espera
Para no tal Eldorado aportar…

Viveram em transe o dia a dia, imbuídos de tanta alegria
Que o dirigível se viu destruir.
As aves nidificaram, cresceram, multiplicaram
E puseram-se então a partir…

Com ressaca e cara de sono, pasmaram-se com o Outono
Lamuriando-se em coro ao léu.
E a cada ave que partia, todo homem se sentia
Como sapo em festa no céu…

Nenhuma provisão foi feita, era um outono sem colheita,
Nem teto para se abrigar.
Dele não se carecia, visto que o céu os protegia
Enquanto durou o sonhar.

Autores

Antônio Márcio Buainan: Universidade de Campinas (Unicamp), Instituto de Economia, Núcleo de Economia Aplicada, Agrícola e do Meio Ambiente (NEA+). Rua Pitágoras, 353, Cidade Universitária, Campinas (SP), CEP 13.083-857.

Cleyton de Carvalho Carneiro: Universidade de São Paulo (USP), Escola Politécnica, Departamento de Engenharia de Minas e de Petróleo. Praça Coronel Narciso Andrade, s/n, Santos (SP), CEP 11.013-560. Autor correspondente: cleytoncarneiro@usp.br; telefone: +55 (13) 3229-2764.

Durval Dourado Neto: Universidade de São Paulo (USP), Escola Superior de Agricultura "Luiz de Queiroz" (Esalq), Departamento de Produção Vegetal. Avenida Pádua Dias, 11, Piracicaba (SP), CEP 13.418-900.

Eduardo de Freitas Saorim: Fundação para o Desenvolvimento Tecnológico da Engenharia (FDTE). Avenida Afrânio Peixoto, 412, São Paulo (SP), CEP 05.507-000. Autor correspondente: edusaorim@gmail.com; telefone: +55 (11) 3132-4000.

Eduardo Mário Dias: Universidade de São Paulo (USP), Escola Politécnica, Departamento de Energia e Automação Elétricas. Av. Professor Luciano

Gualberto, trav. 3, 158, Cidade Universitária Armando Salles de Oliveira, São Paulo (SP), CEP 05.508-900.

FERNANDO A. FREITAS LINS: Centro de Tecnologia Mineral (Cetem). Avenida Pedro Calmon, 90, Ilha da Cidade Universitária, Rio de Janeiro (RJ), CEP 21.941-590. Autor correspondente: fernando.lins@cetem.gov.br; telefone: +55 (21) 99889-9030.

JORGE ALMEIDA GUIMARÃES: Empresa Brasileira de Pesquisa e Inovação Industrial (Embrapii). Edifício Armando Monteiro Neto SBN, quadra 1, bloco 1, Asa Norte, Brasília (DF), CEP 70.040-913. Autor correspondente: jorge.guimaraes@embrapii.org.br; telefone: +55 (61) 99372-1645.

JOSÉ ROBERTO CASTILHO PIQUEIRA: Universidade de São Paulo (USP), Escola Politécnica, Departamento de Engenharia de Telecomunicações e Controle. Av. Professor Luciano Gualberto, trav. 3, 158, Cidade Universitária Armando Salles de Oliveira, São Paulo (SP), CEP 05.508-900. Autor correspondente: piqueira@lac.usp.br, telefone: +55 (11) 99971-8435.

JÚLIO ROMANO MENEGHINI: Universidade de São Paulo (USP), Escola Politécnica, Research Centre for Greenhouse Gas Innovation (RCGI). Av. Prof. Mello Moraes, 2231, Cidade Universitária Armando Salles de Oliveira, São Paulo (SP), CEP 05.508-030.

KAREN LOUISE MASCARENHAS: Universidade de São Paulo (USP), Instituto de Psicologia. Av. Prof. Mello Moraes, 1721, Cidade Universitária Armando Salles de Oliveira, São Paulo (SP), CEP 05.508-030; Escola Politécnica, Research Centre for Greenhouse Gas Innovation (RCGI). Av. Prof. Mello Moraes, 2231, Cidade Universitária Armando Salles de Oliveira, São Paulo (SP), CEP 05.508-030. Autora correspondente: karenmascarenhas@usp.br; telefone: +55 (11) 99201-1317.

LAURINDO DE SALLES LEAL FILHO: Universidade de São Paulo (USP), Escola Politécnica, Departamento de Engenharia de Minas e de Petróleo. Avenida Professor Mello Moraes, 2373, Cidade Universitária Armando Salles de Oliveira, São Paulo (SP), CEP 05.508-90.

Lucas Abreu Blanes de Oliveira: Petróleo Brasileiro s.a. (Petrobras). Avenida Henrique Valadares, 28, Rio de Janeiro (rj), cep 20.231-030.

Luiz Carlos Bresser-Pereira: Fundação Getúlio Vargas (fgv). Avenida Nove de Julho, 2029, Bela Vista, São Paulo (sp), cep 01.313-902. Autor correspondente: bresserpereira@gmail.com; telefone: +55 (11) 3816-6053.

Marcelo Cirne Lima Frey: Universidade Federal do Rio Grande do Sul (ufrgs), Curso de Pós-Graduação em Química da Vida e Ciências da Saúde. Rua Ramiro Barcelos, 2600 (prédio anexo), Porto Alegre (rs), cep 90.035-003.

Maurício Matinelli Silva Luperi: Universidade de São Paulo (usp), Faculdade de Economia e Administração (fea). Av. Professor Luciano Gualberto, 908, Cidade Universitária Armando Salles de Oliveira, São Paulo (sp), cep 05.508-200. Autor correspondente: mluperi@usp.br; telefone: +55 (11) 99156-4543.

Pedro Abel Vieira Jr.: Empresa Brasileira de Pesquisa Agropecuária (Embrapa), Secretaria de Inteligência e Relações Estratégicas. Parque Estação Biológica s/n, Av. W3 Norte (final), Asa Norte, Brasília (df), cep 70.770-901. Autor correspondente: pedro.vieira@embrapa.br; telefone: +55 (61) 98161-3487.

Roberta Dalla Porta Grandling: Empresa Brasileira de Pesquisas Agropecuárias (Embrapa), Embrapa Estudos e Capacitação. Asa Norte, Brasília (df), cep 70.770-901; telefone: +55 (61) 3448-1819.

Título	*Engenharia, Inovação e Desenvolvimento Sustentável*
Organizadores	José Roberto Castilho Piqueira
	Laurindo de Salles Leal Filho
Editor	Plinio Martins Filho
Revisão	Carolina Bednarek
Preparação de Texto	Victória Thomé
Produção Editorial	Millena Machado
Capa	Casa Rex
Projeto Gráfico	Negrito Produção Editorial
Formato	16 x 23 cm
Papel	Chambril Avena 80 g/m^2 (miolo)
	Cartão Supremo 250 g/m^2 (capa)
Número de Páginas	248
Impressão e Acabamento	Lis Gráfica